U0348217

浙江名特优新农产品

陈百生 主编

中国农业科学技术出版社

图书在版编目(CIP)数据

浙江名特优新农产品/陈百生主编.-北京:中国农业
科学技术出版社,2015.12

ISBN 978-7-5116-2329-4

Ⅰ.①浙… Ⅱ.①陈… Ⅲ.①农产品-介绍-浙江省
Ⅳ.①F724.72

中国版本图书馆CIP数据核字(2015)第252835号

责任编辑　闫庆健　杨　丽
责任校对　贾海霞

出 版 者　中国农业科学技术出版社
　　　　　北京市中关村南大街12号　邮编:100081
电　　话　(010)82106632(编辑室)　(010)82109704(发行部)
　　　　　(010)82109709(读者服务部)
传　　真　(010)82106625
网　　址　http://www.castp.cn
经 销 者　各地新华书店
印 刷 者　北京富泰印刷有限责任公司
开　　本　787mm×1 092mm　1/16
印　　张　14.25
字　　数　220千字
版　　次　2015年12月第1版　2015年12月第1次印刷
定　　价　65.00元

◀━━━ 版权所有·翻印必究 ━━━▶

前　言

浙江位于东海之滨，区位优势突出，生态环境良好，是农、林、牧、渔全面发展的综合性农区，主要农业支柱产业有粮油、畜禽、蔬菜、茶叶、果品、茧丝绸、食用菌、水产、花卉、中药材等。一直以来，全省各地发挥资源和区域优势，形成了优势突出、特色鲜明的优势产区和优势产业带，奠定了名优特新农产品开发的坚实基础。同时，各级政府出台了一系列加强开发优质农产品，推进农业品牌化建设的指导性意见和扶持政策。通过大力实施农业标准化生产、产业化发展、品牌化经营，加快发展无公害农产品、绿色食品、有机农产品和地理标志登记保护农产品，鼓励农产品商标注册，加大优质农产品营销推介，强化品牌监督管理，推动各地培育打造了一大批产量稳定、信誉良好、市场占有率高的品牌农产品，浙江品牌农业产品的知名度越来越大。

为了充分发掘培育和宣传推广一批名特优新农产品，浙江省农业厅组织编撰了《浙江名特优新农产品》一书。该书通过产地特征、产品特性、推荐单位和联系人四大版块分别介绍了116个公共品牌，通过企业简介、产品特性、生产单位、法人代表和联系人五大版块分别介绍了187个企业品牌。该书内容丰富，语言精炼，图文并茂，具有较强的实用性和可读性，是浙江省优质农产品开发的一个权威、便捷的窗口，既可为各级农业部门指导优质农产品和品牌农业工作提供有益的参考，也可为众多生产者开发优质农产品、培育品牌农产品提供一点成功经验的借鉴，还可为广大消费者了解和选购优质农产品提供一份有价值的指南，进而推动农业品牌化建设的科学、快速发展。

编　者

2015年10月

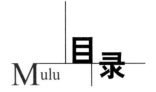

目录 Mulu

公共品牌

● 畜产品

● 茶叶

企业品牌

● 粮油

● 蔬菜

● 畜产品

公共品牌

东坞山豆腐皮
Dong Wu Shan Dou Fu Pi

产地特征：东坞山村位于浙江省杭州市富阳区银湖街道，群山环抱、山清水秀，清澈纯净的矿泉水，含杂质极少，而矿物质含量高，水温冬暖夏凉，为理想的生产用水，当地百姓世代做豆腐皮为生，通过东坞山的千年古道把豆腐皮送到杭州的大街小巷，如杭州灵隐寺、山外山、楼外楼、素春斋、知味观等地。相传唐僧从西天取经回来唐朝皇帝摆素斋招待就用东坞山豆腐皮。

产品特性：以大豆为原料，经剥壳、浸豆、掏豆、磨豆、煮浆、过滤、加热、揭皮、晾干、收卷、整理等工序制成。产品薄如蝉翼，轻似绢纱，每公斤足有180张以上，油润光亮，落水不糊，有金衣之称。其蛋白质量高达40%～45%，并含多种氨基酸，为制作高级素菜的重要原料，

是杭帮菜中不可缺少的主要产品。

东坞山已有1 300多年豆腐皮生产历史。目前主要生产企业有富阳市国青食品有限公司，占地面积6 000余平方米，有各类员工120余人，年产量600余吨，产值达2 400余万元；是目前规模化的豆腐皮生产企业，产销量在豆腐皮行业中位居第一，发展势头十分喜人。

推荐单位：富阳市农办
联 系 人：周国青　**联系电话：**13336072088

慈城水磨年糕
Ci Cheng Shui Mo Nian Gao

产地特征："慈城水磨年糕"源远流长，产于宁波慈城镇一带。制作所需的专用稻米为当地产的晚粳米。当地气候条件及农艺措施优越。阳光充足，雨量充沛，稻谷生长后期昼夜温差大，相对湿度75%以上，对晚稻全期生长极为有利，生产出的稻米颗粒饱满，晶莹透亮，糯性良好。非常适合制作年糕。

产品特性：慈城优质水磨年糕，工艺独到，色白如玉，晶莹剔透，香糯滑爽，口感软滑，久煮不糊。主食、点心两相宜，同时又作为中国"年文化"的南方节庆食品的代表，寓意着吉祥、高升、庆贺，成为享誉海内外的一方特产。

慈城水磨年糕距今已有上千年历史。目前全镇较有规模的年糕生产厂家就有近十家，年生产年糕7 000余吨，年销售额超亿元人民币，其中，出口额占35%。

推荐单位：宁波江北区农林水利局

联系人：徐潇疾　　**联系电话：**0574-87662981

新昌小京生

Xin Chang Xiao Jing Sheng

产地特征：新昌县位于浙江省东部、曹娥江上游。属亚热带季风气候区，温和湿润，四季分明。新昌小京生花生主要产在海拔250～500米的中部丘陵台地，种植土壤以玄武岩台地的红壤土为主，特别适宜优质小京生花生生产。

产品特性：新昌小京生全生育期135天左右，龙生型。品质优良，适宜炒食。果型小，果尖鸡嘴型；果壳溥，色泽淡黄，网眼细浅；果仁长椭圆形，种表粉红色。香中带甜、油而不腻、松脆爽口。

有悦脾和胃，润肺化痰，滋补调气等保健作用，当地农村有"常吃小京生，胜过滋补品，吃了小京生，天天不想荤"的说法和"长生果"之美称。

新昌小京生种植历史悠久，明清时期被列入贡品。全县种植面积2.7万亩（15亩＝1公顷。全书同），总产量4 000吨。

推荐单位：新昌县农业局

联 系 人：吕文君　**联系电话：**0575-83187332

绍兴香糕
Shao Xing Xiang Gao

产地特征："悠悠鉴湖水，浓浓古越情"。绍兴以其人文景观丰富、水乡风光秀丽、风土人情诱人而著称于世，自古即为游客向往的游览胜地。绍兴历史悠久，名人辈出，景色秀丽，物产丰富，素称"文物之邦、鱼米之乡"，是我国历史文化名城之一。

产品特性：香糕是绍兴名特优产品，选用优质绿色大米、白砂糖通过10多道工艺精制而成，松脆香甜，品质优良，闻名中外。

绍兴制作香糕始于清嘉庆初年，至今已有170多年的历史，绍兴香糕是清朝皇宫的八大贡品之一。年产量达400吨。

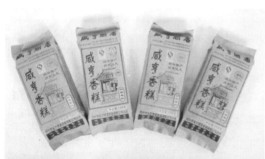

推荐单位：绍兴市农业局

联系人：陈清清   联系电话：0575-89175725

诸暨同山烧酒

Zhu Ji Tong Shan Shao Jiu

产地特征：主产区位于诸暨市西南部，为典型的丘陵山地地貌特征，属亚热带季风气候区。区内雨水较多，光照充足，日夜温差较大，具明显的小气候特征。土壤肥沃，以黄红壤为主，植被丰富，无污染。十分适宜红高粱的种植。

产品特性：诸暨同山烧酒的原料为当地种植的糯性红高粱。诸暨糯高粱具有颗粒饱满，通体紫红、淀粉足、糯性好等特点。糯高粱通过"选料—浸泡—蒸制—做捂、发酵—烧制—着色"等传统工艺流程酿造成高粱烧酒。一般糯高粱出酒率在40%以上，且酒体通红呈琥珀色，酒质清澄，入口芬香馥郁、劲道十足，通常度数在60度以上，具有活血、祛风等功效，被喻为"江南小茅台"。

春秋战国时，当地开始种植糯性红高粱，历来有用本地"糯性红高粱"酿制同山烧酒的传统。2013年诸暨糯高粱种植面积2.75万亩，总产量9 100吨，诸暨同山高粱烧酒总产量3 500吨左右。

推荐单位：诸暨市农业局

联系人：金 英 联系电话：0575-87108403

金华酥饼
Jin Hua Su Bing

产地特征：金华地处浙江中部，气候属亚热带季风区，四季分明，温暖湿润，昼夜温差大，当地常年主导风向为东南风，气温在 -5～35℃的内陆盆地。

产品特性：金华酥饼色泽金黄，香脆可口，是浙江省金华地区汉族名点，也是闻名遐迩的馈赠亲朋好友传统特产。其馅心以干菜为主料，故又名干菜酥饼。入口酥碎，遇湿消融，即使牙齿脱尽的人也有口福品尝其味；酥饼还以浓烈的陈香和鲜咸的回味显示其特有的魅力，强烈地吸引着顾客。金华酥饼发展到20世纪80年代，技艺上经过不断改进，成功研制出火腿酥饼、牛肉酥饼、甜酥饼、辣酥饼、双麻酥饼、姜堰酥饼、卤肉豆沙酥饼、红庙酥饼等品种。

金华酥饼历史悠久，据传首创者是"混世魔王"程咬金。到明代已闻名于世、民间更有李白"闻香下马"的传说。金华酥饼主要在金华地区生产，整个金华市区规模较大的生产厂家有四十余家，日产量50万块。

推荐单位：金华市农业局
联 系 人：黄洪彬　联系电话：0579-82468055

浦江豆腐皮
Pu Jiang Dou Fu Pi

产地特征： 原产地范围限于浙江省浦江县现辖行政区域。该区域属于亚热带季风气候，雨热同步，光温互补，四季分明，气温适中。年平均气温16.6℃，8月平均气温33.7℃，平均年降水量1412.2毫米。

产品特征： 浦江豆腐皮的选料和加工非常讲究，以浦江大豆中的地方品种"白豆"为原料，采用传统的民间工艺和现代科技相结合的加工技艺，经浸泡、磨浆、过滤、结膜、捞膜、晾干等工序精制而成。由此生产的豆腐皮色泽美观、香味醇厚、皮薄韧度大，落水久煮不糊。

豆腐皮被誉为豆制品的"皇后"，营养价值很高，内含丰富的蛋白质、脂肪、碳水化合物、人体必需的微量元素、维生素、氨基酸等营养元素，具有健筋壮骨，恢复元气的功效，也是逢年过节的馈赠佳品。2009年，浦江豆腐皮捞制技艺被列入浙江省非物质文化遗产代表名录。

浦江豆腐皮是浦江的传统产品，距今已经有数百年的历史了，最早有关浦江豆腐皮的文字记载在元末明初。

推荐单位：浦江县农业局

联 系 人：朱 松 联系电话：0579-84107117

龙游发糕

Long You Fa Gao

产地特征： 龙游发糕历史上为当地农户逢年过节时家庭手工制作的传统特色糕点。从20世纪80年代起，龙游发糕开始进入市场化时代，在工艺上，它的配料更丰富，口味更香浓。每逢春节，很多外地人慕名前来求购。龙游发糕开始销往金、衢、杭、沪等地，曾一度供不应求。2007年，为保护原产地产品品牌，国家质检总局发布公告，将龙游发糕列入地理标志产品保护范围。

产品特性： 龙游发糕为省级非物质文化遗产保护项目，制作工艺独特，配料考究。精选粳米、糯米、冷鲜猪肉、白砂糖等原料经水浸、淋洗、拉浆、磨粉、脱水、混和搅拌、灌笼、发酵、汽蒸和修剪箬叶等10余道工序而成。成品色泽洁白如玉、孔细似针、闻之鲜香扑鼻、食之甜而不

腻、糯而不黏。其最大的特色是在制作过程中加入适量糯米酒发酵而成，营养丰富，尤其适合老年人、儿童食用。

2014年产量达3 200吨，年产发糕500万笼，产值5 000万元。

推荐单位：龙游县农业局

联 系 人：张文松　联系电话：13600505138

萧山萝卜干
Xiao Shan Luo Bo Gan

产地特征： 原产地范围限于浙江省杭州市萧山区和滨江区的萧山南沙平原。产区地处浙东低山丘陵区北部、浙北平原区南部，冬夏长、春秋短，四季分明；光照充足，雨量充沛，温暖湿润；年平均气温为16.3℃；年平均地面温度为18.3℃；年平均降水量1 439.2毫米；年平均无霜期248天的优质萧山萝卜产区带，适宜萧山萝卜的生长。

产品特性： 传统萧山萝卜干选用萧山地方品种"一刀种"萝卜为原料，具有皮色全白、肉质结实、干物质含量高且皮层厚实等适宜腌制的特性，是制作萧山萝卜干的最佳原料。风脱水型萧山萝卜干口感柔嫩适口、咸中带甜、富有回味、气味香味浓郁，无异味。盐脱水型萧山萝卜干脆爽可口、咸度适宜，具有本品固有气味，无异味。均具有色泽黄色或棕黄色，有光泽，形态条形均匀，肉质厚实，无肉眼可见外来物杂质。

产品销售网络覆盖大润发、沃尔玛、华润万家、乐购等知名大型商超连锁卖场，同时在淘宝、天猫超市、1号店等网络渠道热销，并远销英国、西班牙、俄国、日本和韩国等国家，深受国内外消费者喜爱。种植面积10万亩，产量达到5万吨。

推荐单位：萧山区农办
联 系 人：李维良　联系电话：0571-82898537

鄞州雪菜
\ Yin Zhou Xue Cai

产地特征：鄞州雪菜产于宁波市鄞州区境内，是宁波市特色农业项目之一。主产地分布在邱隘、五乡、东吴、下应、首南、姜山、横溪、云龙、瞻岐、咸祥、塘溪、章水等十二个镇（街道）。地理坐标为东经121°08′～121°54′，北纬29°37′～29°57′。

产品特性：鄞州雪菜原料栽培品种为鄞雪18号或甬雪2号，属于分蘖芥的一种，主要特点：分蘖性强、产量高和病虫害少。盐渍成熟后的雪菜色泽黄亮、香气浓郁、滋味清脆鲜美，微酸，利于生津开胃。

鄞州雪菜已有500多年历史。鄞州雪菜协会下属20家加工企业，种植面积16 000亩，加工成雪菜制品3.75万吨；年销售额1.6亿元；出口量5 000吨，出口额450万美元。

推荐单位：鄞州区农林局
联 系 人：陈 盛　联系电话：0574-87419870

余姚榨菜
Yu Yao Zha Cai

产地特征：余姚地处四明山北麓，杭州湾南岸，属亚热带季风气候区，温暖湿润，四季分明。榨菜种植土壤为近代海积母质之咸砂土、流砂及夜阴地，雨量充沛，气候温润，适宜于余姚榨菜秋种春收，越冬经霜生长。

产品特性：余姚榨菜原料质地脆嫩、肥厚、色泽鲜艳、空心率低。富含维生素 C、铁、磷等矿物质，含蛋白质、胡萝卜素、膳食纤维和谷氨酸等17种游离氨基酸，富含产生鲜味的化学成分，有"天然味精"之称，经腌制发酵后，香味独特、咸辣适度，质地鲜嫩，口感味鲜爽脆。

余姚榨菜于20世纪60年代初引种试种，发展至今已成为"中国榨菜之乡"，拥有全国最大的榨菜生产加工基地。种植面积约15万亩，总产量约50余万吨，2013年全市规模以上榨菜加工企业产值14.65亿元，销售额14.05亿元。

推荐单位：浙江省余姚市农林局

联 系 人：郑立东　　联系电话：0574-62830319

奉化芋艿头
Feng Hua Yu Nai Tou

产地特征： 奉化芋艿头盛产于奉化剡江、县江两岸。土壤基本是河谷型的培泥砂田和泥砂田，其土壤团粒结构和pH值适中，保水保肥能力强，土层深厚，疏松肥沃富含有机质。当地秋季较大的昼夜温差，有利于母芋的膨大和养分的积累，使出产的奉化芋艿头具有独有的品质。

产品特性： 奉化芋艿头主栽品种为"奉化红芋艿"，是当地的农家品种，主食母芋。母芋一般为椭圆形或近球形，个大皮薄、肉粉无筋，糯滑可口。风味独特，营养丰富，含有15种人体必需的氨基酸。若烘蒸，其香扑鼻，粉似魁粟；若煮汤浇羹，又滑似银耳，糯如汤圆。

据《奉化县志》记载，宋代已有种植，至今已有700余年历史。奉化市现有芋艿头生产基地5 000亩左右，年产7 500吨。

推荐单位：奉化市农林局

联系人：王明亚　联系电话：0574-88591216

长兴芦笋

Chang Xing Lu Sun

产地特征： 长兴县位于浙北杭嘉湖平原，与上海、杭州、南京等大城市相邻。长兴属亚热带海洋性季风气候，光照充足、气候温和、降水充沛、四季分明、雨热同季、温光协调。生产基地土壤肥沃，水系畅通，宜排宜灌。

产品特性： 芦笋又名"石刁柏"，是多年生植物。产品以刚生出的嫩茎做蔬菜食用，笋尖锥形，质地脆嫩清香，富含多种氨基酸、蛋白质和维生素，在国际市场上享有"蔬菜之王"的美称。当地主要栽培品种为格兰德F1，由美国加利福尼亚大学选育而成。该品种为双交杂交一代种，属于中熟品种。该品种嫩茎粗大，平均单茎重23.6～27.6克，丰产性强。笋尖锥形略带紫色，鳞片抱合紧凑，在夏季高温条件下也不易散头。对茎枯病、褐斑病抗性中等，对镰刀菌属的病菌和锈病具有较高的耐性，不感染芦笋2号潜伏病毒。

产品统一使用"长兴芦笋"品牌和生产企业自主商标，统一包装带，拥有自己的特定编码，产品通过无公害认证。2014年种植面积7 600亩，全年总产9 366吨，总产值9 560万元。

推荐单位：长兴县农业局

联系人：毛小梅　联系电话：0572-6022113

安吉山地蔬菜
An Ji Shan Di Shu Cai

产地特征：安吉县地处浙江省西北部，位于长江三角洲经济圈的腹地，境内七山一水二分田，山地资源丰富，温差变化明显，适宜山地蔬菜的生产。全年光照充足、气候温和、雨量充沛、四季分明。年均气温15～17℃。安吉县生态环境优美，大气质量达到国家一级标准，水体质量绝大部分在二类水体以上。土壤肥沃，主要以红黄壤为主，pH值中性偏酸性

产品特性：安吉县山地蔬菜主要品种为四季豆、黄瓜、长瓜、茄子、南瓜、辣椒、玉米等。安吉山地蔬菜生产过程中严格执行地方标准和无公害蔬菜生产技术规程，施用农家肥和生物有机肥，生产的山地蔬菜光洁、新鲜、口感醇，且质量安全有保障，备受上海、杭州等大中城市消费者的青睐。

安吉县山地蔬菜以抓好质量、树立品牌为前提，依靠科学技术，实现产品内在优质化、外在美观化来经营山地蔬菜。全县面积3万亩，总产量6.9万吨。

推荐单位：安吉县农业局

联 系 人：曹建民　**联系电话：**0572-5220461

桐乡榨菜
Tong Xiang Zha Cai

产地特征：桐乡榨菜产地位于长三角浙北水网平原，境内地势平坦，气候温和，平均海拔5.3米，年降水1 300毫米左右，年日照时数1 980小时上下，土壤有机质含量高，pH值中性偏酸，全境农田水利基础设施完善，排灌水方便，境内桑园套种、农闲田均适宜榨菜种植，新鲜榨菜质量好。

产品特性：主栽品种为浙桐1号和桐农4号，品种生长势较强，抗逆性好，外观品质鲜榨菜绿色、个体均匀洁净，表面瘤体圆浑或扁圆形。营养成分丰富，每100克鲜榨菜含维生素C18.11毫克，干物质含蛋白28.65%，总糖15.5%，磷0.72%，钙0.65%，铁215毫克 / 千克。榨菜成品

呈黄绿色，具有脆、香、鲜、嫩的特点，是休闲食品及佐餐、做菜佳料。桐乡"胖子""同成""菊花""猕猴"牌榨菜列浙江省十大品牌榨菜。

　　桐乡榨菜始于民国时期从四川引入。2013年，种植面积50 000亩，总产鲜菜15万吨。

推荐单位：桐乡市农业经济局

联 系 人：徐 杰　联系电话：0573-88197116

海宁榨菜
Hai Ning Zha Cai

产地特征： 产地位于浙江省海宁市辖区中部乡镇，尤以斜桥镇产量为最。该区域处于北纬30°，属亚热带季风气候区，四季分明，光照充足，常年平均气温15.9℃，平均降水量1178毫米。区域内土地平整，为平原黏性土壤，较适合榨菜生长；当地农民有利用冬闲田和桑园种植榨菜的传统。

产品特性： 以海宁榨菜为代表的浙式榨菜与川式榨菜齐名列为中国名榨菜之最，海宁"斜桥榨菜"已通过中国地理标志保护产品认证。海宁榨菜在3月底至4月初收获，采用"盐脱水法"加工腌制；榨菜质地脆嫩，菜形整齐，以其色香味

俱佳、入口脆嫩而深受国内外客户的青睐。

目前，海宁榨菜种植面积25 000亩，加工榨菜年产量20 000吨。

推荐单位：海宁市农业经济局

联 系 人：陈叶忠　　联系电话：0573-87015321

嘉善杨庙雪菜

Jia Shan Yang Miao Xue Cai

产地特征：主产区嘉善县天凝镇地处杭嘉湖平原，沪杭苏腹地，与嘉兴市接壤，河流纵横交叉，湖荡星罗棋布，水陆交通便捷，地势平坦，平均海拔3.5米，雨水调匀，日照充足，气候温和，昼夜温差大，土地肥沃，粮田成方，植被丰富，由此形成优越的雪菜生长小气候环境，非常适宜种植传统特产"雪里蕻"。

产品特征：嘉善杨庙雪菜看之色泽鲜黄、嗅之香味扑鼻、尝之脆嫩爽口；它特有的微酸能生津开胃、解暑消热；含有人体所需的多种微量元素，是当今美食瘦身的美味佳肴。

嘉善杨庙雪菜种植已有三百多年的历史，远近闻名，"东麟湖""杨庙""古镇"三个品牌多次荣获中国国际农产品交易会金奖和畅销产品奖，

2005年获得国家地理标志保护产品。目前种植面积6 000亩，产量30 000吨。

推荐单位：嘉善县农业经济局

联系人：朱国荣　联系电话：13867362334

兰溪小萝卜
Lan Xi Xiao Luo Bo

产地特征： 兰溪为浙中丘陵盆地地貌。东北群山环抱，西南低丘蜿蜒，中部平原舒展。兰溪属亚热带湿润季风气候。气候特点温暖湿润，夏热多雨，全年无霜期270天左右。兰溪境内主要水系有"三江"即衢江、金华江、兰江，"五溪"即游埠溪、赤溪、马达溪、甘溪、梅溪。兰溪"三江五溪"两岸土壤由河沙冲击发育而成，土质通透性好，耕地层厚，冬季地下水位低，是萝卜生长的上佳地理环境。

产品特征： 兰溪小萝卜是兰溪传统地方品种，原产地在兰溪市云山街道黄溢村、陈店村、十里亭村一带，距今有近千年种植历史。兰溪小萝卜以"板叶种"为主，另有少量"花叶种"。兰溪小萝卜颜色洁白，皮薄，肉质细嫩，致密，长圆形，一般长5～10厘米，横径2～3厘米，无须根，无凹凸斑点，光滑，直根细小，单个重25克左右。加工后的兰溪小萝卜外观形状不变，个小、色白、形美、脆嫩、味鲜，是老少皆宜的食品。

种植面积达3 000多亩，产量达3 000吨，年产值达2 000多万元。

推荐单位：兰溪农业局

联系人：章跃丰　联系电话：0579-88892366

黄岩双季茭白

Huang Yan Shuang Ji Jiao Bai

产地特征： 黄岩地处浙江东部沿海，属亚热带季风性气候，夏无酷暑，冬不严寒，光照适中，雨量充沛，发展设施茭白有得天独厚的气候优势。茭白主要栽培在东部的低洼水田，属青紫泥田，适合茭白生产。

产品特性： 黄岩双季茭白是黄岩区主栽的茭白品种，该品种在当地表现为早熟，最适合保护地促早栽培，且形体较为瘦长，肉质白净细嫩，深受市场欢迎。1998年通过省农作物品种审定委员会认定。黄岩双季茭白采用独特的以棚膜覆盖栽培、培土护茭、带茭苗定植等为主要内容的"三改两优化"栽培技术，加上当地特有的自然条件形成了四大特色优势：上市早、品质优、产量高、适种范围广。多年来，色白质嫩、味鲜形美的黄岩双季茭白一直保持产销两旺的良好态势，在4月全国茭白鲜销市场中，黄岩双季茭白的市场占有率达90%以上。

黄岩农民历来就有在河边塘角种植茭白的习惯。近几年面积稳定在3万亩左右，年产量8万多吨。

水淋头村基地

推荐单位：台州市黄岩区农业林业局

联 系 人：陈可可　　联系电话：0576-84111919

临海西兰花
Lin Hai Xi Lan Hua

产地特征： 临海属亚热带季风气候，温暖湿润、四季分明。土壤以滩涂田为主，1～2月的适度低温不仅保证品质和产量，又让西兰花持续缓慢生长，延长了产品采收期，十分适合西兰花种植。

产品特性： 临海西兰花主要品种为绿雄和优秀，球形高圆或近圆，球面圆整，花球紧实，蕾粒中细，蕾色深绿均匀。入口微甜，茎脆蕾糯，有清香味。花球含有更多的蛋白质、糖、氨基酸、醇类物质、类胡萝卜素、花青素及萝卜硫素。

临海西兰花于1989年引进，是全国规模最大的冬春西兰花生产中心和重要的国际西兰花生产基地，中国西兰花之乡。目前，全市种植面积在6万亩左右，产量10万吨。

推荐单位：临海市农办

联 系 人：赵桂芳　　联系电话：0576-85331311

缙云茭白
Jin Yun Jiao Bai

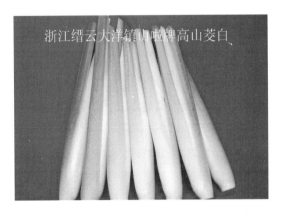

产地特征：缙云茭白产自有"中国生态第一市"美誉的丽水市，是国家级风景名胜区及生态农业示范县之一，境内山青、水秀、土净、空气清新，有"浙江绿谷"之称。地貌类型多样，气温差异明显，具有"一山四季，山前分明山后不同天"的垂直立体气候特征。丰富的山地小气候资源为茭白生产创造了不可多得的有利条件。

产品特性：主栽品种为美人茭，属单季茭品种，于1998年通过省品种鉴定委员会审定。茭白肉质茎竹笋形、肉质白嫩、表皮光滑、味甜脆爽，品质极佳。肉质茎长12～25厘米，直径3.5～4.5厘米，壳茭重140～210克，肉茭重100～150克。缙云县利用本地山地资源和技术优势，发展多种种植模式，产品上市期从4月一直延续至12月，同时配合冷库贮放调节，实现周年供应。

缙云茭白现有种植面积5.45万亩，年产量9.38万吨，总产值2.68亿元，占全国总量的8％，2014年获"中国茭白之乡"称号。

推荐单位：缙云县农业局

联系人：马雅敏　联系电话：0578-3135532

建德柑橘

Jian De Gan ju

产地特征： 建德柑橘产地位于富春江库区三都镇，库区宜人的小气候、高肥力的土壤、充沛的灌溉用水，非常适宜柑橘栽种。目前已形成了杭州地区最大的种植基地，创建为省级无公害柑橘基地、杭州都市农业示范园区，是华东柑橘试验示范基地。三都镇被评为杭州绿色柑橘之乡、中国优质柑橘之乡。

产品特性： 建德柑橘主栽品种为早熟温州蜜柑、中晚熟温州蜜柑、椪柑，特别是宫川早熟蜜柑以品质优良、果皮光滑、色泽鲜艳、含糖量高、化渣率好等特点而畅销于全国乃至出口。2009年建德柑橘通过了ISO9000认证，2012年获得绿色食品认证，目前已注册"松蜜""三多"商标，其中"松蜜"牌柑橘连续3年荣获浙江省农博会金奖、浙江省十大柑橘名牌、浙江省著名商标。

建德柑橘经过40几年的种植发展，种植面积达到2.8万亩，产量6万吨。

推荐单位：建德市农业局

联 系 人：姚锦珍　　联系电话：15088603885

塘栖枇杷
Tang Qi Pi Pa

产地特征：古镇塘栖，地处杭州市北部，地势平坦、水网密布，京杭大运河穿镇而过，属亚热带北缘季风气候，温暖湿润，雨量充沛，年平均气温达16.1℃，年降水量为1 400.7毫米。充沛的雨热条件，加之上半年雨热同步，有利于枇杷果实生长发育，下半年温光互补，有利于树体养分积累和花芽分化。而塘栖的土壤pH值5.9，土壤中全钾及全磷含量都较其他产区高，这对提高枇杷品质至关重要。

绝，果皮略带斑点，其皮剥落之后，即能卷起，肉色如润玉，是塘栖独有的枇杷品种，在我国枇杷种类中，当首屈一指。枇杷可入药，具有清热润肺、止咳化痰、健胃利尿等功效。

塘栖枇杷早在隋代开始种植枇杷，栽培历史近1 400年。现种植面积稳定在1.5万亩，产量逾4千吨，2013年实现枇杷销售1.28亿多元，带动相关产业经济效益共达2亿多元。

产品特性：塘栖枇杷按果肉颜色分，可分为白砂种和黄砂种两类共计19个品种，尤以软条白砂为最佳，其果肉洁白，肉质细腻，汁多味鲜，略带黏性，风味卓

推荐单位：余杭区农业局

联 系 人：王朝丽　联系电话：13758215605

慈溪蜜梨
\ Ci Xi Mi Li

产地特征：慈溪蜜梨主产区位于慈溪市西部周巷镇一带，是杭州湾冲积平原。全年气候四季分明，雨量充沛，土壤大部分为壤土，黄泥翘土种，有机质含量丰富，适合于各种水果、蔬菜种植。

产品特性：慈溪蜜梨主要栽培品种为黄花梨和翠冠梨。黄花梨由浙江农业大学园艺系于1962年杂交育成，果实为圆锥形，果皮为黄褐色。果肉洁白，质地细，脆嫩，汁多，可食率较高。可溶性固形物在11%～12%，品质上乘，成熟期在8月20日前后，平均单果重250克。翠冠梨由浙江省农业科学院园艺所育成。该品种果实皮色为黄绿色，肉质洁白，质地细腻，汁多，风味好，果心小，可食率高，可溶性固形物含量12%左右，成熟期在7月下旬至8月初，单果重可达250克左右。

　　慈溪市在明成化年间就有梨种植，历史悠久。全镇共有栽培面积9 500亩，年产量1.9万吨。

推荐单位：慈溪市农业局

联 系 人：成国良　联系电话：0574-63720611

余姚蜜梨
Yu Yao Mi Li

产地特征：余姚蜜梨产地位于余姚市境内，属亚热带海洋性季风气候，阳光充沛，温暖湿润，四季分明，雨热同步。主产区位于姚江两岸平原，平均海拔3.6米，生产区域土壤为水稻土，土壤营养元素丰富，适宜于蜜梨生长。

产品特性：余姚蜜梨品种较多，早熟蜜梨以翠冠、脆绿为主，中熟蜜梨以清香、黄花为主。其中主栽品种为翠冠。该品种成熟早、品质优、综合性状优，于7月份成熟。果实近圆形，果形大，平均果重为230克左右，大果重600克以上，可食率达到96%。果实为绿色，套袋果为黄色，果面光滑。果皮薄，果心小，果肉白色，肉质细嫩，汁丰味甜，风味带蜜香。具有生津、润燥、清热、化痰等功效。

余姚栽梨历史悠久，早熟蜜梨在余姚的种植历史已有300多年。全市现有种植面积2.5万亩，年产量3.3万吨。

推荐单位：浙江省余姚市农林局

联 系 人：郑立东　　联系电话：0574-62830319

余姚杨梅
Yu Yao Yang Mei

产地特征：余姚地处美丽富庶的杭州湾南翼，属亚热带海洋性季风区，阳光充沛，温暖湿润，四季分明，雨热同步，年平均气温达到16.2℃，最宜杨梅的生长，具有杨梅种植得天独厚的自然条件。余姚杨梅在余姚境内种植分布较广，其中主产区乡镇7个。

产品特性：余姚杨梅主栽品种为荸荠种，因其果实成熟时呈紫黑色又光亮，酷似老熟荸荠颜色，故得名。果实扁圆形，中等偏小，重约9.5克，果面淡紫红色至紫黑色。果实富含钙、铁、磷等各类微量元素、氨基酸、纤维素，营养价值高，是天然的绿色保健食品。肉质细软，酸甜适口，汁液多，具香气。

杨梅在余姚栽培种植已有两千年历史，而且据境内河姆渡遗址的考古发现，七千年前就有野杨梅存在，素有"余姚杨梅甲天下"美誉。2013年全市总面积达8.8万亩，总产量2.5万吨。

推荐单位：浙江省余姚市农林局

联 系 人：郑立东　联系电话：0574-62830319

慈溪杨梅
\ Ci Xi Yang Mei

产地特征:慈溪杨梅产地范围限于浙江省慈溪市现辖行政区域。该区域属于北亚热带南缘季风气候区,全年气温温和,四季分明。为山地丘陵红黄壤,土层深厚,土质疏松,排水良好,有机质含量高,雨水充足,日照适度。地势起伏平缓,海拔高度一般都在200米以下,生态环境优美,十分有利于杨梅的生长发育和优质高产。

产品特性:慈溪杨梅的主栽品种为荸荠种,因其果实成熟时呈紫黑色又光亮,酷似老熟荸荠颜色,故名。慈溪杨梅果实中等大,略呈扁圆形,单果平均重12克,大的可达19.2克,具有"色紫黑、富光泽、糖度高、风味浓、核特小、肉离核、质细软、具香气"的特征。原生态的栽培模式,造就了其独特的优良品质。

慈溪杨梅已有近二千年的悠久历史。目前,全市杨梅栽培面积8.1万亩,产量3万吨。

推荐单位:浙江省余姚市农林局

联 系 人:柴春燕   联系电话:0574-63976381

奉化水蜜桃
Feng Hua Shui Mi Tao

产地特征：奉化位于浙江省东部沿海，属亚热带季风气候，四季分明，温和湿润，年均气温16.3℃，降水量1 350～1 600毫米，日照时数1 850小时，无霜期232天。土壤以黄壤为主，微酸性。是全国桃子重点产区之一。

产品特性：奉化水蜜桃经长期精心培育和品种选育，已形成以"湖景蜜露""玉露"等30个品种为主的早、中、晚不同成熟期优良品种配套体系。"湖景蜜露"1984年引入奉化，果实近圆形，果顶平，缝线明显，色泽鲜红，成熟后全果呈粉红色。肉质致密柔软，汁液多，纤维少而细，味甜有香气，品质优，耐贮运。7月中旬成熟。"玉露"是奉化市传统名果。果实近圆形，果顶有平顶、尖顶之分。肉质细而柔软，汁液多，味鲜甜有香气，含可溶性固形物13%～15%。7月下旬至8月上中旬成熟。

奉化市栽桃历史悠久，已有2000多年。全市水蜜桃栽种面积4.7万亩，产量4.3万吨。

推荐单位：奉化市农林局

联 系 人：王明亚　联系电话：0574-88591216

象山红柑橘

Xiang Shan Hong Gan Ju

产地特征：象山县地处浙东沿海，三面环海，受海洋水体的影响，全年气候温暖湿润，四季分明，光照充足，雨量充沛，是典型的北亚热带季风气候区，非常适宜发展耐寒性稍强的柑橘品种，如温州蜜柑、早熟杂柑等柑橘品种。

产品特性：象山红柑橘主要品种"大分"，是象山县从日本引进选育的优质特早熟温州蜜柑品种，2008年通过浙江省非主要农作物品种认定委员会认定，是目前国内成熟最早、品质最佳的特早

熟温州蜜柑品种之一。该品种果实扁圆形，果型指数1.34～1.42，平均单果重85克左右，果面光滑，色泽橙黄，果汁多，肉质嫩，化渣性好，味甜，不浮皮。延后至10月中旬采摘，糖度可达12%以上，风味更佳。

象山县柑橘栽培历史悠久，清《蓬山清话》记载，宋时以象山金豆入贡。全县栽培面积接近1.25万亩，产量8 000吨以上。

推荐单位：象山县农林局
联 系 人：杨荣曦   联系电话：0574—65765464

瓯海瓯柑
Ou Hai Ou Gan

产地特征：瓯海地处瓯江下游，属亚热带海洋性季风气候，温暖湿润，雨量充沛，冬短夏长，热量丰富，冬无严寒，夏无酷暑，独特的生态环境，适宜的气候条件，良好的水土基础，为瓯柑生产提供了得天独厚的的自然资源环境。

产品特性：瓯海瓯柑，其品种有无核瓯柑、普通瓯柑、青瓯柑，是宽皮柑橘中最耐贮藏的柑橘品种，一般条件下可贮至翌年5～6月。夏令时节，当其他柑橘品种消声匿迹时，只有瓯柑以其独特的品质占领市场。瓯柑风味独特，肉质柔软多汁，清甜可口，回味无穷，品质佳。瓯柑与其

他宽皮柑橘相比其品质最大特点是初食时有微苦，经科学研究表明，其主要苦味成分是来自对人体有益的新橙皮甙与柚皮甙。故瓯柑既是优质水果，又是食疗佳品。

瓯海是瓯柑的原产地，栽培历史悠久。三国时，温州的柑橘已很著名了，直至元明清三代，瓯柑仍列为贡品。种植面积15 000亩，产量21 000吨。

推荐单位：温州市瓯海区农林渔业局
联系人：石金坚　联系电话：13057917195

泰顺猕猴桃
Tai Shun Mi Hou Tao

产地特征：泰顺猕猴桃产地位于泰顺县乌岩岭国家级自然保护区周边以及飞云湖库区周围，森林覆盖率76.8%，水源洁净，空气无污染且湿度大，海拔落差200～700米，昼夜温差大，极适合猕猴桃种植与农业休闲采摘观光。

产品特性：泰顺猕猴桃以甜度高、风味浓、纯天然而闻名在外。主要栽培品种"华特"是本土选育的具有知识产权的新品种，2008年5月国家农业部为"华特"猕猴桃颁发《植物新品种权证书》。该品种果实长圆柱形，非常奇特，果肉绿色，肉质细腻爽口，鲜果维生素 C 含量每千克高达6 280毫克，高出普遍猕猴桃5倍以上；果品在自然状态下，可贮存6～8周，耐贮性好。

泰顺猕猴桃从1984年开始种植，目前种植面积11 000亩，年产量3 600吨。

推荐单位：泰顺县农业局
联系人：张庆朝　联系电话：13567733882

永嘉早香柚

Yong Jia Zao Xiang You

产地特征: 永嘉早香柚主产于永嘉县碧莲镇一带。属于亚热季风气候,四季温和,雨量充沛,年均气温为18.2℃,年均降水量为1 702.2毫升,森林覆盖率达69.2%。

产品特性: 永嘉早香柚又名永嘉香抛,系当地土柚实生变异,由浙江永嘉县农业局选种获得。其主要特点:树势健壮,树冠圆头形,枝梢粗壮,内膛枝梢生长均匀;果实梨形,单果重1 000~1 500克,果面光滑,果色橙黄;果肉乳白色,肉质脆嫩化渣,糖多酸少,可溶性固形物11%~13%;果实9月下旬成熟,少核或无核,属高效益良种。

　　永嘉早香柚种植面积15 000亩,年产量2 000吨。

推荐单位:永嘉县委农办(农业局)

联 系 人:刘娟娟　联系电话:13868606881

瓯海丁岙杨梅

Ou Hai Ding Ao Yang Mei

产地特征：瓯海丁岙杨梅主产区位于温州市瓯海区茶山镇。属亚热带海洋季风气候区域，全年四季分明，雨量充沛。相传早在明朝嘉庆年间，丁岙板障崖下有一棵杨梅树。因崖下阴润适度，土质松厚，生长得特别茂盛，结出的杨梅尝起来甘醇可口。经过几百年的精心栽培，长期改良，培育出全国著名的中国名果——丁岙杨梅。

产品特性：瓯海丁岙杨梅主要特点果形大、紫黑色、糖分高、口感好、肉柱圆钝不刺口。因其独特的品质特征受到市民的喜爱，更因其果柄特长、蒂基部有一个红盘被誉称为"红盘绿蒂"，在浙南地区已是家喻户晓，人人皆知。

明朝弘治年间（公元1488—1505年）《温州府志》中就有温州盛产杨梅的记载，距今已有500多年。种植面积15 000亩，产量5 196吨。

推荐单位：温州市瓯海区农林渔业局

联 系 人：徐定国　联系电话：13957760375

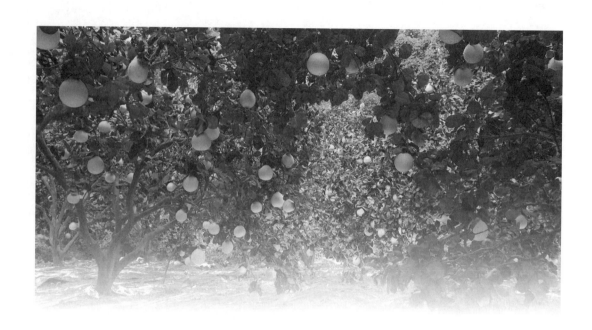

苍南四季柚

\ Cang Nan Si Ji You

产地特征：苍南四季柚主产区位于苍南县马站镇，该镇空气清晰，水源清洁，土壤无任何污染，是国家级生态示范区。属南亚热带海洋性季风气候，冬暖夏凉、四季分明、日照充足、雨量充沛，为四季柚无公害生产提供了良好的条件，是四季柚栽培最适宜区域。

产品特性：苍南四季柚果倒卵形或广倒卵圆形，浅黄色，果实中等大，果顶部圆钝，微凸，有明显环状印圈。果肉白色或淡红色。含有糖类、各种维生素、胡萝卜素、钾、磷、枸橼酸等几

十种具有营养和保健作用的化学成分，经常食用，对人体身体健康大有好处。

目前，全县种植面积11 075亩，产量达到8 171吨。

推荐单位：苍南县农业局

联 系 人：陈芳芳　　**联系电话：**13858712900

长兴葡萄

Chang Xing Pu Tao

产地特征：长兴地处浙北杭嘉湖平原，距离上海、南京、杭州等大城市都在2小时最佳交通圈内，地理位置优越；境内高速、高铁、铁路、国道等纵横其中，交通十分方便；全县有耕地69万亩，土地资源丰富，土壤肥沃，光照充足，雨量充沛，温度适宜，非常适宜葡萄栽培。

产品特性：长兴葡萄栽培已有30年，品种有藤稔、巨峰、醉金香、夏黑、巨玫瑰、阳光玫瑰等欧美杂交种及红地球、美人指、白罗沙等欧亚种共20多个。长兴葡萄全部实行避雨或保温促成栽培，用控产提质栽培技术，并制定了无公害标准化生产技术操作规程，实行"二分六统一"管理，即分户种植、分户管理、统一标准管理、统一生产技术、统一栽培模式、统一农资供应、统一品牌和包装、统一组织营销。长兴葡萄色艳、味美、汁多、营养丰富、优质安全，被消费者亲切地称为"江南吐鲁番"，"长兴葡萄，果真好吃"。

长兴2014年葡萄面积4.12万亩，预计年产量约4.5万吨，年产值3亿元左右。

推荐单位：长兴县农业局

联 系 人：沈林章　联系电话：0572-6031870

平湖西瓜
Ping Hu Xi Gua

产地特征： 原产地范围限于浙江省平湖市现辖行政区域，全市地势平坦，水源充沛，土地肥沃，气温适中，四季分明，种植作物具有适性广特点。境内平原广泛分布着水稻土，面积有60余万亩，占土壤总面积的90%以上，土沃物丰，自然条件优越，素有"金平湖"美誉。

产品特性： 马铃瓜作为平湖西瓜的主栽品种一直延续到1949年以后，铸造了平湖西瓜的辉煌历史。现种植的主要品种为中型西瓜品种早佳8424，小型西瓜品种拿比特、金比特。主要采用春季大棚早熟栽培，播种期1月中下旬，6月中下旬收获，瓜皮薄且花纹清秀美观，西瓜除了不含有脂肪和胆固醇外，富含葡萄糖、苹果酸、果糖、蛋白氨基酸、番茄素及维生素A、B_1、B_2、C等物质。"金平湖"西瓜为绿色食品，以质地细腻、汁多、纤维少、糖度高、黑籽饱满著称。

平湖西瓜的栽培，据平湖县志记载，明天启七年（1627年）已有三白瓜（白皮、白瓤、白籽）在平湖种植，因此平湖西瓜已有300多年的历史。生产规模为800亩，总产量1 300吨。

推荐单位：平湖市农业经济局
联 系 人：赵良明　　联系电话：0573-85013923

嘉善黄桃
Jia Shan Huang Tao

产地特征：原产地范围限于浙江省嘉兴市嘉善县辖行政区域，该区域气候属亚热带湿润季风气候，温暖湿润，四季分明，年平均气温15.8℃，全年无霜期230天，年日照1 720小时以上，年平均降水量1 600毫米。土壤为水稻土，灌溉用水为河水，水质清洁无污染，宜黄桃种植。

产品特性：品种为锦绣，采摘时间八月中旬，果形大，平均单果重200克，最大超过500克，外观漂亮，肉色金黄，属鲜食加工兼用黄桃，其口感好，鲜甜可口，有香味，含有多种人体必须的氨基酸。

目前，全县黄桃种植面积10 000亩，处于盛产期的黄桃面积6 000亩，产量达到9 000吨。

推荐单位：嘉善县农业经济局
联系人：李 伟 联系电话：13967307299

上虞二都杨梅

Shang Yu Er Du Yang Mei

产地特征：上虞二都杨梅主产区位于上虞二都镇一带。属亚热带季风气候区。全年气温温和，四季分明，雨水充足，日照适度。土壤为土层疏松、土质深厚的砂壤土和黄壤土，十分适合杨梅的生长。

产品特性：上虞"二都"杨梅以其个大核小、色泽鲜艳、口味酸甜爽口而闻名遐迩。二都水晶杨梅（又名白沙杨梅）果顶微凹、果底圆、具纵沟、完熟白玉色，果肉柔软细致，汁多、味甜稍酸，风味浓有特殊清香味。果实可食率93.6%，可溶性固形物13.4%，耐贮运。

1 500多年前，就有"稽出杨梅世无双，深知风味胜他乡"的诗句，清代时是朝廷贡品。现全镇杨梅种植面积2.2万亩，其中可采摘1.8万亩，年产量在6 000吨左右。

推荐单位：绍兴市上虞区农林渔牧局

联 系 人：马秋梅　联系电话：0575-82416009

上虞盖北葡萄
Shang Yu Gai Bei Pu Tao

产地特征：上虞盖北葡萄主产区位于上虞区盖北镇一带。地处杭州湾南翼，年平均气温16.5度，相对湿度73%，位于虞北富硒带。中碱性土壤孕育了生机盎然的迷人绿洲，独特的地理气候条件产出了晶莹剔透、肉丰汁多的盖北葡萄。当地已成为全国规模较大，集生产、科研、观光旅游于一体的葡萄鲜食及加工原料生产基地，被专家赞誉为"江南吐鲁番"。

产品特性：上虞盖北葡萄主栽品种为巨峰、红富士、甬优"1"号、巨玫瑰、贵妃玫瑰、红地球、醉金香等，产品以色鲜、味甜、汁多为主要特色。

上虞盖北葡萄种植历史悠久，早在明、清地方志中就有可靠记载，20世纪40年代引种并连片栽培。连片生产基地1.2万亩，年产优质葡萄2.5万吨，销售1.38亿元。

推荐单位：绍兴市上虞区农林渔牧局

联系人：马秋梅　联系电话：0575－82416009

上虞红心猕猴桃

Shang Yu Hong Xin Mi Hou Tao

产地特征： 上虞红心猕猴桃主产区位于上虞南部的章镇镇、上浦镇和丁宅乡一带。当地属亚热带季风气候区，全年气候温暖湿润、雨量充沛；土壤微酸性，为肥沃疏松、保水排水良好、腐殖质含量高的砂质壤土，较适宜猕猴桃的生长。

产品特性： 上虞红心猕猴桃主要品种有徐香、海沃德、秦美、红阳等。具有果型中等整齐，肉质鲜嫩、香甜清爽（馥香型，含糖20%）。含有丰富的矿物质和维生素，每100克果肉含维C350毫克，是苹果的100倍，因而称"维C之王"；鲜果富含稀有天然维E和17种游离氨基酸及多种矿物质成分，既具有抗癌保健功能，又独具抗衰、排毒嫩肤功效，被誉为"绿色美容师"，有"红色软黄金"之称。猕猴桃花期5～6月，果熟期8～10月。

上虞区种植猕猴桃历史悠久，全区种植猕猴桃2.5万亩，年产25 000吨。

推荐单位：绍兴市上虞区农林渔牧局

联系人：马秋梅　联系电话：0575-82416009

义乌红糖
Yi Wu Hong Tang

产地特征：义乌地处浙江省中部、金衢盆地东缘，属亚热带季风气候，年温适中，四季分明，气候温和，日照、雨量充沛，冬夏季长，春秋季短。年平均气温17℃左右，无霜期243天，年日照2 129.7小时，年降水1 100～1 600毫米。土壤多为水稻土，土质肥沃，酸碱度适中，磷、钾含量丰富，质地松软，有一定的保水保肥能力，十分适合糖蔗生长，为义乌发展红糖产业创造良好基础条件。

产品特性：义乌现有糖蔗栽培品种以粤糖54/474为主，该品种1984从广东引进并推广，中迟熟、大茎种、分蘖少、成茎率高、易剥叶，适宜鲜食和土榨，亩产量达7吨。义乌红糖采用传统工艺加工而成，质地松软，色泽金黄，纯洁无渣，甘甜味鲜，清香可口，营养丰富，保留了较多营养成分，比白糖更富有营养，含钙、磷、钾、铁、铜、锰、镁、锌等微量元素及胡萝卜素、核黄素、维生素 B_2、维生素 C、葡萄糖等人体所必需的元素。产品品质上乘，深受消费者的青睐。

义乌市糖蔗生产有着悠久的历史，据史料记载，始于清初顺治年间，距今已有400年的历史。全市糖蔗面积8 200亩，年产义乌红糖5 820吨。

推荐单位：义乌市农业局

联 系 人：朱雅琴　联系电话：13575989596

兰溪枇杷
\ Lan Xi Pi Pa

产地特征：兰溪为浙中丘陵盆地地貌。东北群山环抱，西南低丘蜿蜒，中部平原舒展。兰溪属亚热带湿润季风气候。气候特点温暖湿润，夏热多雨，全年无霜期270天左右，非常适合枇杷生长。

产品特征：枇杷是兰溪的特色优势水果，主要品种以本地白砂、大红袍为主，先后引进了大五星、宁海白等品种，良种覆盖率达到85%以上。兰溪枇杷色泽艳丽、肉腴质细、甘甜鲜洁、滋味优美，食之齿颊留香，是果中之珍品。在2011年浙江农业吉尼斯枇杷擂台赛上，"虹霓山"和"穆坞"牌兰溪枇杷分获冠亚军，并曾先后获得过浙江名牌、浙江省著名商标、金华名牌、浙江省无公害农产品、浙江省森林食品基地、浙江省农博会优质农产品金奖等荣誉称号。

兰溪是浙江省三大枇杷主产区之一，现枇杷种植面积约为1.85万亩，产量约6 000吨左右，产值7 200万元左右，以女埠街道、黄店镇为主的白露山万亩枇杷基地面积达到1.6万亩左右，占全市的86%，如有"华东枇杷第一村"之称的女埠街道穆坞村枇杷面积达到5 500亩以上。

推荐单位：兰溪农业局

联 系 人：章跃丰　　**联系电话**：0579-88892366

金华白桃
Jin Hua Bai Tao

产地特征：源东白桃产自浙中丘陵盆地的东部一金华。金华属亚热带季风气候，四季分明，日照热量资源丰富，年平均气温17℃左右。盆地小气候多样，常年平均气温16.3～17.7℃，年均无霜期达252天，年降水量1 426.2毫米，地势南北高、中部低，"三面环山夹一川，盆地错落涵三江"，适宜各类水果生长。

产品特性：源东白桃是于1979年从黄桃园中发现的芽变异种，经农业科技人员的筛选培育而成的。源东白桃果型大，平均单果重220克，最大果重480克；果实美观，果色乳白色，有小面积红晕，果味芳香，汁液多，纤维细而少，味甜，可溶性固形物11%左右，3月中旬开花，5月下旬成熟上市。2002年源东白桃被认定为"浙江省无公害农产品基地"和"浙江省绿色农产品"，2003年被浙江省质量技术监督局认定为浙江省名牌产品，多次荣获浙江省农博会优质农产品金奖。

东区源东乡现有源东白桃种植面积9 000余亩，年总产量14 400多吨，实现年产值8 000余万元。

推荐单位：金华市金东区农林局

联 系 人：王艳俏　　**联系电话：**0579-82191923

兰溪杨梅

Lan Xi Yang Mei

产地特征：兰溪为浙中丘陵盆地地貌。东北群山环抱，西南低丘蜿蜒，中部平原舒展。兰溪属亚热带湿润季风气候。气候特点温暖湿润，夏热多雨，全年无霜期270天左右。兰溪"三江五溪"两岸土壤由河沙冲击发育而成，土质通透性好，耕地层厚，冬季地下水位低，适宜杨梅生长。

产品特征：兰溪是中国杨梅之乡，栽培历史悠久，优越的地理位置、优良的生态环境、优化的生产技术，酝育出优质的兰溪杨梅。兰溪杨梅以上市早、品质优而著称，主栽品种有荸荠种、东魁、木叶梅等，无任何污染、自然生长、有机无公害栽培，在6月初就能成熟，比其他地方的杨梅早7~10天上市，具有成熟早，色美，味甜，核小，高产稳产等特点。

兰溪是浙中西部最大的杨梅主产区，面积占整个金华地区的70%左右，种植面积近7万亩，产量2万吨左右，产值约2亿元。"下蒋坞"牌杨梅在2005年通过了浙江省名牌产品认定，浙江省著名商标，并获得2003年、2007年浙江省十大精品杨梅金奖，并通过绿色农产品认证。

推荐单位：兰溪农业局

联系人：章跃丰　联系电话：0579-88892366

浦江葡萄
Pu Jiang Pu Tao

产地特征：原产地属于浙江省浦江县现辖行政区域，该区域属于亚热带季风气候，雨热同步，光温互补，四季分明，气温适中。年平均气温16.6℃，8月平均气温33.7℃，平均年降水量1 412.2毫米。年日照1 996.2小时。浦江作为钱塘江支流——浦阳江的发源地，水系发达，水质极好，非常适宜葡萄种植。

产品特性：浦江巨峰葡萄呈紫黑色，果粉多，汁多有肉瓤，味甜酸，有草莓香味。无核率达50%以上，糖度16度以上，果穗自然、完整、紧凑，无病斑，无病果，果粒大小均匀，外观看色度基本一致，果实新鲜清洁，无异味，口感好。2013年获国家农业部地理标志产品保护，浦江巨峰葡萄多次荣获浙江省精品水果金奖，浙江省农业博览会金奖。

浦江县种植葡萄历史悠久，2014年被评为中国巨峰葡萄之乡。2014年种植面积35 000亩，葡萄企业、专业合作社180余家，产量达70 000吨。

推荐单位：浦江县农业局

联系人：朱 松　联系电话：0579—84107117

常山胡柚

Chang Shan Hu You

产地特征： 常山胡柚栽培区域在北纬28°51′，东经118°30′。属亚热带季风气候，年平均气温17.3℃，无霜期238天，≥10℃年积温5 468℃·d，年降雨量1 751毫米。最佳栽培区域在海拔300米以下的低丘、缓坡，土壤为红黄壤、沙壤，适宜胡柚生长。

产品特性： 常山胡柚是全国特有的地方柑橘名特优新品种，被誉为"中国第一杂柑"。果形美观，色泽金黄，果实中大。果肉汁多味鲜，肉质脆嫩，甜酸适口，甜中带苦、回味持久。具有清热祛火、镇咳化痰、降脂降糖等功效。

常山胡柚已有百余年栽培历史。截至2013年常山胡柚面积为10.5万亩，年产量12.5万吨，年产值近4亿元。

推荐单位：常山县农业局

联 系 人：赵四清　**联系电话：**13511429200

江山猕猴桃
Jiang Shan Mi Hou Tao

产地特征：江山猕猴桃主要分布在山青水秀、林深树茂、空气清新、海拔300米以上的仙霞山麓，该地区无污染，土层肥沃深厚，空气湿度和昼夜温差大，栽培环境非常适宜生产绿色、无公害猕猴桃。江山市从1998年就制定发布了浙江省地方标准《江山猕猴桃系列标准》，2003年又将原《江山猕猴桃系列标准》修订成《无公害猕猴桃标准》，2014年修订成《猕猴桃栽培技术规程》，生产上严格按照标准实施。2001年被中国特产之乡组委会命名为："中国猕猴桃之乡"，2010年被评为中国猕猴桃无公害科技创新示范县。

产品特征：江山市所产猕猴桃鲜果成熟早，8月中下旬开始上市，其果形端正、外形美观、口味独特、营养丰富，维生素C含量高达每100克250毫克以上，可溶性固形物达16%以上。主栽品种有徐香、红阳、早鲜、翠香等。

江山市已有30年的猕猴桃规模栽培历史，现有基地面积2.1万亩，产量1.5万吨。

推荐单位：江山市农业局

联系人：吴建中　联系电话：13705702722

定海晚稻杨梅

Ding Hai Wan Dao Yang Mei

产地特征： 定海属北亚热带南缘海洋性季风气候，冬暖夏凉，温和湿润，光照充足。年平均气温15.6～16.6℃，年平均降水量927～1620毫米，无霜期251～303天，适宜各种生物群落繁衍生长。由于地处大海之中，空气自然净化能力强，清晰爽然，长天碧空，白云飘飘，海岛风光秀美，气候宜人。定海晚稻杨梅产于舟山岛上，南山北麓均可栽植，以北坡种植品质为上。

产品特性： 晚稻杨梅原产浙江舟山市，为浙江杨梅的优良品种之一。因成熟期要比其他品种迟15～20天，所以被人称为晚稻杨梅。其主要特点：果实圆球形，平均单果重11.2克，紫黑色，肉质细腻，甜酸可口，汁多清香，肉柱和核易分离；可食率94%～96%，可溶性固形物12.6%，果实6月底至7月初成熟。据南京大学2006年研究成果显示，定海晚稻杨梅浸泡烧酒，其有效功能成分含量比其他品种高出3倍。

定海晚稻杨梅栽培历史悠久，早在1298年元《大德昌国州图志》中，晚稻杨梅就已被列为"佛国仙乡"特产珍品。目前种植面积5万余亩，产量6 000余吨，产值4 000余万元。

推荐单位：舟山市定海区农林与海洋渔业局

联系人：王佳颖　联系电话：0580-2042606

黄岩东魁杨梅

Huang Yan Dong Kui Yang Mei

产地特征：黄岩区位于浙江省中东部，属亚热带季风气候，温暖湿润，雨量充沛，四季分明。种植区域为砂性红、黄壤，土层深厚，土壤偏酸性，pH 值5.5～6.5。十分适合杨梅生长。

产品特性：黄岩东魁杨梅果形特大，肉厚多汁，甜酸适口，风味独特，营养丰富。大似乒乓，平均单果重25克左右，最大的达58克。可溶性固形物含量为13.4%；总糖10.5%，总酸1.1%，维生素 C 含量达到195.6毫克／千克，可食率

达94.8%，果汁率75%。

黄岩是东魁杨梅的始祖地，中国杨梅之乡。2013年全区总面积达7万亩，总产量2.5万吨。

推荐单位：台州市黄岩区农业林业局

联系人：黄茜斌　联系电话：0576-84222682

黄岩枇杷

Huang Yan Pi Pa

产地特征：黄岩区位于浙江省中东部，属亚热带季风气候，全年气候温暖湿润，雨量充沛，四季分明。种植区域为砂性红、黄壤，土层深厚，土壤偏酸性。十分适合枇杷生长。

产品特性：黄岩枇杷主要有大红袍、洛阳青、白沙、洛优等十多个品种。洛阳青枇杷果实成熟时，果顶萼片周围呈青绿色，果皮橙红色，易剥皮，肉质细密，味酸甜，适宜于鲜食和加工；白砂枇杷果实倒卵形，果皮蜜黄色，有茸毛，柔软多汁，酸甜可口。红砂枇杷果实圆球形，果皮橙红色，肉厚多汁，果味香甜。

黄岩枇杷宋朝就有栽培记载（宋嘉定《赤城志》），2013年全区总面积达2.1万亩，总产量1.15万吨。

推荐单位：台州市黄岩区农业林业局

联系人：黄茜斌　联系电话：0576-84222682

黄岩蜜橘
Huang Yan Mi Ju

产地特征：黄岩区位于浙江省中东部，属亚热带季风气候，全年气候温暖湿润，雨量充沛，四季分明。黄岩柑橘的集中产区永宁江两岸，为冲积壤土，土壤肥沃，土层深厚，带沙性，通气性好，富含柑橘生长发育所必需的有机质和矿物质微量元素，为柑橘类植物的栽培和繁衍提供了理想的栖息之地。

产品特性：黄岩蜜橘皮薄，橙黄色有光泽，近肾形，囊衣薄，柔软多汁，风味浓甜，香气醇厚。其果汁含柠檬酸、多种维生素、糖分、氨基酸和磷、铁、钙等元素，橘皮健脾化痰，橘络通经活血，橘核理气散结，而且与其他橘类相比，黄岩蜜橘具有独特清香，闻之提神醒脑、沁人心脾；食之唇齿留香、润甜爽口。

黄岩蜜橘已有1 700多年历史，为世界宽皮柑橘始祖地之一，自唐朝开始一直为皇室贡品。2013年全区总面积达7.2万亩，总产量5.2万吨。

推荐单位：台州市黄岩区农业林业局

联 系 人：黄茜斌　　**联系电话：**0576-84222682

临海蜜橘
Lin Hai Mi Ju

产地特征：临海位于浙江东南沿海，境内山多田少，属亚热带季风气候区，年均气温17.1℃，有春夏雨热同步和秋季光温互补的气候特点，属宽皮柑橘栽培适宜区，种植在海拔300米以下的缓坡地和平原，以红黄壤、水稻土为主，土壤肥沃。

产品特性：临海蜜橘主栽品种为宫川温州蜜柑。果实呈高扁圆形或圆球形，顶部宽广，果面光滑，果皮细薄，果面颜色呈橙红色至橙黄色，剥皮容易，果肉橙红，肉质细嫩，囊壁薄，化渣性极好，果汁丰富，风味浓郁，可溶性固形物含量12%以上。

临海蜜橘种植历史已有1700多年，三国·吴·沈莹《临海水土异志》中已有种植的记载，全市现有种植面积20万亩，年产量约30万吨。

推荐单位：临海市林业特产局

联系人：金国强　联系电话：0576-85389032

临海杨梅
Lin Hai Yang Mei

产地特征：临海地处浙江东南沿海，属亚热带季风气候区，年平均气温17.1℃，是浙江省杨梅生态最适栽培区之一。具有春夏"雨热同步"和秋冬"光温互补"的气候特点，有利于杨梅树生长、果实发育和品质提高。临海山地资源丰富，土壤以适宜杨梅生长的砂质壤土为主，pH值多在5～6。

产品特性：临海杨梅主栽品种东魁、荸荠种、临海早大梅。果形端庄，色泽鲜艳，肉柱圆钝，肉质细嫩，汁多，甜酸适口，风味浓郁，品质极优，可溶性固形物含量达11%以上，可食率达90%以上。果实营养丰富，富含纤维、矿物元素、维生素和一定量的蛋白质、脂肪、果胶及16种对人体有益的氨基酸，具有消食、消暑、生津止咳、助消化、止泻利尿等功效，多食无伤脾胃。

杨梅是临海农业四大主导产业之一，栽培历史悠久，三国时沈莹所著《临海水土异物志》已有种植的记载；在宋朝临海杨梅就已具优良的品质。2013年全市栽培面积13.2万亩、总产量6.8万吨。

推荐单位：临海市林业特产局

联系人：颜丽菊　联系电话：0576-85389033

玉环楚门文旦

Yu Huan Chu Men Wen Dan

产地特征：玉环位于浙江东南沿海黄金海岸线中段，属海洋性亚热带季风气候区，阳光充足，四季分明，温和湿润。年均气温17℃以上，土壤以微酸性或中性肥沃沙壤土为主。

产品特性：玉环楚门文旦又称玉环柚，果大形美，平均单果重1.25千克，最大可达3.5千克以上。果实扁圆形或高圆形，表皮橙黄，可食率在63%～65%以上，肉质脆嫩，化渣汁多，味浓清香，酸甜适口，含有丰富的蛋白质、糖类、有机酸、维生素 A、维生素 B、维生素 C 以及多种微量元素和氨基酸。其风味独特，具有较高的营养价值，可理气化痰，润脾清肠，下恶气，解酒毒，能治食少、口淡、消化不良等病症，果中提取的柠檬苦素具有防癌、治癌作用，且宜运输、耐贮藏，实为果中珍品。

清光绪初年开始在玉环县楚门种植，至今已有140多年栽培历史。2014年全县生产面积29 166亩，产量29 580吨。

推荐单位：玉环县农业局

联 系 人：王珍慧　联系电话：0576-81732252

仙居杨梅

Xian Ju Yang Mei

产地特征： 仙居地处浙江东南部，境内山地资源十分丰富。这些山地高低交错，多属红黄壤，土层深厚，通透性好，微酸性，肥力水平高，且仙居濒临沿海，既具有典型的山区气候特征，又受到海洋性气候影响，光、热、水资源丰富，气候属亚热带季风区。为杨梅生产创造了得天独厚的条件。

产品特性： 仙居杨梅色美、味甜、个大、核小，有东魁和荸荠两个品种，鲜果6月成熟上市，果色呈淡紫红色至紫黑色，肉质细软，味清甜，汁液多，具香气，果实鲜食和制作罐头皆宜。其中仙居东魁杨梅属大果晚熟品种，可溶性固形物13.5%，其糖含量为10.5%，果汁含

量为74%，而酸含量仅为1.35%，远远优于其他杨梅。

据史书记载宋开宝年间就有杨梅栽培，距今已有1 000多年历史。全县种植面积13.5万亩，产量6.5万吨。

推荐单位：仙居县农业局

联系人：王康强　联系电话：0576-87757423

庆元甜橘柚

Qing Yuan Tian Ju You

产地特征：甜橘柚产于浙江省西南部庆元县。庆元县生态环境优越，2004年评为"中国生态环境第一县"。气候属亚热带季风区，温暖湿润，四季分明，年平均气温17.4℃，降水量1 760毫米，无霜期245天。冬无严寒，夏无酷暑，无霜期短，昼夜温差大，土壤类型为黏性黄土，适宜甜橘柚种植。

产品特性：甜橘柚是20世纪90年代从日本引进我市的杂柑类新品种，现已在庆元试种成功。甜橘柚具有管理方便、风味上乘、产量高、耐贮运、抗寒性强等五大优势。在晚熟柑橘品种中，唯独它可以即采即食深受果农和消费者喜爱。果面鲜洁、全果着色、色泽均匀，形状一致、大小分级（直径75、80、85、90毫米）。脆嫩或柔软，果汁丰富，具该品种特征颜色，无枯水、粒化现象。维生素C含量高，降血压降火，有减缓脑细胞衰老的功效，是保养及饮食之佳品。味甘甜或甜酸适度，具该品种特征香气，可溶性固形物≥10%，总酸量≤0.9%，固酸比≥11.1，可食率≥70%。

　　庆元县范围内生产规模约8 000亩，总产量约5 000吨。

推荐单位：庆元县农业局
联 系 人：王梦萍　联系电话：0578-6122297

松阳脐橙
Song Yang Qi Cheng

产地特征：主要分布在松阳丘陵和海拔400米以下山地。气候属中亚热带季风气候，温暖湿润，四季分明，冬暖春早，无霜期长，雨量充沛，昼夜温差大，气候垂直差异明显。年平均温度17.7℃，≥10℃活动积温5 586℃·d，海拔升高温度递减率－0.52℃/100米，年日照时数1 788小时，无霜期236天，年降水量1 568毫米，年平均相对湿度76%。土壤属黄红壤，肥力中等。

产品特性："松阳脐橙"以纽荷尔、奉节72-1为主栽品种，按科学生产技术和特定的质量标准精心培育而成，应用日本先进的农残控制技术，MRLs全部达到世界上最苛刻的农残标准——《食品中残留农业化学品日本肯定列表制度》标准，在432项

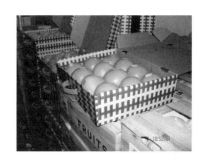

农残检测项目中有429项未被检出。具有果大、色艳、皮薄、质脆、化渣、汁多、风味浓郁、耐储运等特点。

"松阳脐橙"生产起步于1992年。种植面积13 000亩，产量达6 000吨。

推荐单位：松阳县农业局
联 系 人：纪国胜 **联系电话：**0578－8074165 13867042899

松阳蜜梨

Song Yang Mi Li

产地特征：主要分布在松阳海拔300～700米的丘陵和山地，属中亚热带季风气候，温暖湿润，四季分明，冬暖春早，无霜期长，雨量充沛，昼夜温差大，气候垂直差异明显。年平均温度17.7℃，≥10℃活动积温5 586℃·d，海拔升高温度递减率−0.52℃/100米，年日照时数1 788小时，无霜期236天，年降水量1 568毫米，年平均相对湿度76%。土壤属黄红壤，肥力中等。

产品特性：松阳蜜梨产品由松阳县境内栽培的翠冠、初夏绿、翠玉、西子绿、清香、圆黄、雪青等优新品种经选果分级粗加工而成，果实外形端正，果面光滑，皮薄肉脆，汁多味甜，果心小，石细胞团小而少。

松阳产梨已有60余年的历史。种植面积16 000亩，5 000吨。

推荐单位：松阳县农业局

联系人：纪国胜　联系电话：0578-8074165　13867042899

云和雪梨
Yun He Xue Li

产地特征：云和县地处浙西南山区，属亚热带季风气候，非常适宜云和雪梨种植；全县生态环境质量状况指数为99.7%为优，位列全省前十；境内水质常年保持在国家二类标准以上，综合环境质量列全国第10位，生态环境优越。

产品特性：云和雪梨分老品种和新品种，老品种云和雪梨9月中下旬成熟，果皮绿色，果实卵圆形，个大，味甜，耐贮，一般单果重450～800克，最大可达1 500克，因富含氨基酸、维生素及矿物质，色香味形俱佳，具有明显的生津、止咳、滋阴润肺，退热消喘等医疗保健功效而深受广大消费者喜爱。新品种云和雪梨以翠冠、清香等早熟优良品种为代表，肉细、汁多、味甜、松脆，成熟期在7月上旬至8月上旬，果实近圆形，皮色绿或黄色，单果重250克以上。新品种云和雪梨不仅丰富了云和雪梨的品种，拉长了雪梨的销售期，为云和雪梨提高知名度奠定了基础。

云和雪梨是云和县传统名果，至今已有560余年的栽培历史。全县栽培面积达1.5万亩，年产量3 500吨，年销售额1 800余万元。

推荐单位：云和县农业局
联 系 人：练美林　联系电话：13884333518

余姚咸蛋
Yu Yao Xian Dan

产地特征：余姚地处东南沿海，属亚热带季风气候区，阳光充沛，雨量丰富，温暖湿润，水域辽阔，境内主要河流为姚江，姚江水系流域面积1 091.23平方千米，占全市土地总面积的80.3%。土壤以红黏土为主，pH值在4.5～6.5。自然生态环境十分适宜于鸭禽类养殖。

产品特性：余姚咸蛋的蛋源为"带圈白翼梢"系的本地麻鸭，蛋质可用蛋白"鲜、细、嫩"，蛋黄"红、沙、油"概括。余姚咸蛋由于独特的地理环境和加工工艺，在腌制过程中部分蛋白质被分解为氨基酸，咸鸭蛋中钙质、铁质等无机盐含量丰富，含钙量、含铁量比鲜鸭蛋都高，因此是补充钙、铁的好食物。余姚咸蛋咸淡适中，口感独特，将咸蛋煮熟剖开，蛋白如凝脂白玉，蛋黄似红橘流丹。

余姚素有养鸭传统，余姚河姆渡出土的新石器文物中，有野鸭的头骨，其外貌、羽毛颜色及斑点基调与现在余姚本地麻鸭一脉相承，证明了余姚境内养殖的"带圈白翼梢"系麻鸭是由野鸭经余姚劳动人民长期驯化、选育而成的。余姚常年养殖"带圈白翼梢"系的麻鸭一直稳定在250万羽以上，年产鸭蛋5万吨，咸鸭蛋年产量为2.6万吨。

推荐单位：余姚市农林局

联系人：郑立东　联系电话：13958260005

宁海土鸡

Ning Hai Tu Ji

产地特征：宁海土鸡放牧于无工业、农业污染的山区、半山区及田园（桑园、茶园、果园、竹园）自然资源优势，采用多种生态环境的放养模式，以最佳的放养方式和采用科学的配套综合疾病防治技术进行饲养管理。

产品特性：宁海土鸡外形美观，体形紧凑，大小适中，尾羽高翘，体呈元宝。食以虫草为主，适当补喂由浙江大学饲料科学研究所开发的宁海土鸡专用饲料，饲料中以纯天然中草药和活性物质替代抗生素，放养时间长。胴体表皮丰满，切面光亮，有弹性。食用肉质细嫩，鲜香浓郁，味美可口，汤汁透明无浑浊，风味独特，营养价值极高。

主要生产企业宁波振宁牧业有限公司是宁波地区最大的土鸡养殖企业，采用"公司＋基地＋农户"的生产经营模式，下有宁海土鸡饲养农户1 200余户，占地面积为1 500余亩。主要分布于宁海县深甽镇、一市镇、力洋镇、胡陈乡等地。2013年出栏宁海土鸡450万羽，达6 000吨。

推荐单位：宁海县农林局

联 系 人： 徐 勇　**联系电话：** 0574-65203703

平阳鸽蛋

Ping Yang Ge Dan

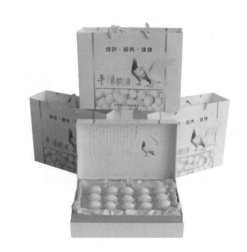

产地特征：平阳鸽蛋为平阳县特种养殖业中一大新兴产业，是全国最大的鸽蛋生产基地。2008年实施"平阳县特色优势养殖业提升与发展"项目，制定"平阳蛋鸽"标准和统一的地方商标，2013年获得"平阳鸽蛋"地理标志证明商标。

产品特性：平阳蛋鸽在饲养过程中采用原粒饲料饲喂，不添加任何添加剂，其所产的鸽蛋被视为绿色食品。平阳鸽蛋营养丰富，富含胶原蛋白和各种必需氨基酸，尤为突出的是，它的核黄素含量是鸡蛋的2.5倍。有养颜护肤、益智健脑、保胎、促进（产妇）创口愈合等保健功能，是一种不可多得的营养保健食品。

目前，平阳县存笼蛋鸽48.6万对，年产量820吨。

推荐单位：平阳县委农办（县农业局）
联 系 人：林 静　联系电话：0577-63729375

藤桥熏鸡
Teng Qiao Xun Ji

产地特征：藤桥熏鸡产自于温州市鹿城区藤桥镇。该镇地处温州市鹿城区西部，三面环山，一面临江，气候宜人，水源充分，水质良好，无污染源，养殖场森林植皮覆盖率很高，是饲养家禽的理想场所。

产品特性：藤桥熏鸡是温州传统名品。以农家本地三黄鸡（山地放养，食虫、蚁、五谷）为主要原料，辅以藤桥百年传统配方及工艺精制而成，无污染，营养价值高。藤桥熏鸡光泽鲜亮，表皮干韧，肉瘦香脆，熏香浓郁，肥而不腻，入口脆烂，回味无穷，味道极其鲜美。

藤桥熏鸡历史悠久，年产量达2 400吨。

推荐单位：温州市鹿城区委农办（区农林水利局）
联 系 人：李谷静　联系电话：0577-55577216

安吉土鸡
An Ji Tu Ji

产地特征：安吉县位于浙江省西北部，为山、丘、岗、谷、沟、盆地和平原多种地貌组合，境内多山，森林覆盖率达69%，拥有山林198万亩，其中竹林面积100万亩，山林植被以亚热带北缘混生落叶的常绿阔叶林为主。气候条件适宜，地形地貌多样，大气质量达到国家一级标准，水体质量大部分在二类水体以上，有利于多种生物繁衍、栖息，适宜土鸡生态养殖。

产品特性：安吉土鸡（别名安吉竹林鸡、安吉黄鸡）以自然放养为主，利用丘坡的落差，上下活动增加鸡运动量，降低脂肪含量，增强鸡的体质，内在品质是鸡肥而不腻，鸡肉细腻、耐咀嚼，含有丰富的蛋白质、粗纤维、水鲜氨基质等微量元素，口感极佳，民间有土鸡食补、营养保健的传说。安吉土鸡饲养时间在120天以上才能上市，母鸡在150天后开始产蛋。

安吉农家有传统的土鸡养殖习族，土鸡养殖历史悠久。安吉土鸡现有家禽养殖专业合作社、家庭农场养殖场注册了15个企业品牌商标，已有三个产品被评为湖州市级名牌产品。安吉土鸡养殖数量80万羽，1 200吨。

推荐单位：安吉县农业局

联 系 人：王洪斌　　联系电话：0572-5123320

金华两头乌猪肉
Jin Hua Liang Tou Wu Zhu Rou

产地特征：金华地处浙江中部，气候属亚热带季风区，四季分明，温暖湿润，昼夜温差大，当地常年主导风向为东南风，气温在 -5～35℃ 的内陆盆地，当地自然条件养育了"金华两头乌"这个中国猪的地方品种。

产品特性：从乳猪出生到商品猪出栏需要8～10个月周期，活猪体重55～60千克。"两头乌"猪肉具有肉质好，细嫩多汁，皮薄骨细，有嚼劲，肥而不腻，咬在嘴里口齿留香，原汁原味。两头乌的肌肉纤维细度只有普通白猪的40%，肉质松软，嚼口好；肌间脂肪含量大于6%，远高于普通猪种的3%左右，故肉质滋润易冻，肥而不腻，所含芳香物质更为丰富。两头乌猪在日本被认定为"世界最高级"的猪肉。

　　金华两头乌昵称"中国熊猫猪"，是我国著名的优良猪种之一。据金华县古方出土的西晋（公元265—316年）陶猪和陶猪圈考证，早在1 600年前这一带的养猪业已相当发达。目前金华市规模较大两头乌猪场6家，年出栏生猪20 000余头，产量达2 000吨

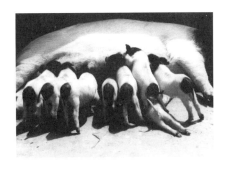

推荐单位：金华市农业局

联 系 人：黄洪彬　　　联系电话：0579—82468055

金华火腿
Jin Hua Huo Tui

产地特征：金华地处浙江中部，气候属亚热带季风区，四季分明，温暖湿润，昼夜温差大，当地常年主导风向为东南风，气温在 -5～35℃的内陆盆地，显著的丘陵盆地特征是金华火腿生产加工必备的环境。

产品特性：金华火腿出自中国火腿之乡 - 金华，其采用传统工艺与现代科技相结合的方法研制而成，皮色黄亮、肉红似火、香气浓郁、咸淡适口，滋味鲜美、形如竹叶，素以"色、香、味、形"四绝著称，营养价值很高，所含的十八种氨基酸，有八种是人体不能自行合成的。火腿制作经冬历夏，经过发酵分解，各种营养成分更易被人体所吸收，所以还有滋补作用，具有养胃、益肾、生津、壮阳、固骨髓、健足力、愈创口等功能，成品质精、口味纯正，是最佳馈赠礼品。

金华火腿创制于宋，因为色泽鲜红如火，宋钦宗就赐名"火腿"，浙江人民曾以之慰劳宋泽率领的抗金部队，后列为贡品，至今已有八百年历史。中国名牌产品和中国驰名商标。金华火腿年产量达10 000吨。

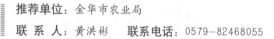

推荐单位：金华市农业局

联 系 人：黄洪彬　　联系电话：0579-82468055

江山蜂王浆

Jiang Shan Feng Wang Jiang

产地特征： 江山市位于浙江省的西部，拥有丰富的山地气候，热量资源较优，蜜蜂可以正常生活的温度（大于15℃）持续200天左右，温度适宜，四季分明，雨量充沛，蜜源植物种类较多，分布广，流蜜好，环境优越，污染少。

产品特性： 江山蜂王浆的主要成分为水、蛋白质、糖、脂肪酸、矿物质、维生素等活性成分。其关键营养指标为10-羟基-2-葵烯酸，占蜂王浆总量的1.8%。新鲜的蜂王浆呈乳白色或浅黄色，有些王浆呈微红色。手感细腻、微粘，有光泽感的浆状物。具有酚与酸的气味和王浆特有的香气，有较浓的辛辣味、微甜味。

江山市从1960年就开始了王浆的采收。全市共有蜂群23.9万箱，总产量780吨。

推荐单位：江山市农业局

联系人：丁向英　联系电话：0570-4021336

江山蜂蜜
Jiang Shan Feng Mi

产地特征： 江山市位于浙江省的西部，拥有丰富的山地气候，热量资源较优，蜜蜂可以正常生活的温度（大于15℃）持续200天左右，温度适宜，四季分明，雨量充沛，蜜源植物种类较多，分布广，流蜜好。

产品特性： 江山蜂蜜主要成分为糖分和水分，葡萄糖和果糖占蜂蜜总量的65%～80%。此外还有蛋白质、氨基酸、维生素、有机酸、酶、矿物质、芳香物质等生物活性物质。刚从蜂巢中取出的新鲜蜂蜜呈透明或半透明状液体。其色泽随蜜源植物种类的不同而差异较大，一般从水白色到深琥珀色分为七个色泽等级。气味芳香，味道甜美。不同品种的蜂蜜味道不同，浅色蜜味道较清香，深色蜜味道较浓郁。

一百二十多年以前，在江山一些山区乡村已经盛行蜜蜂户养，并已具备了相当的生产技术。全市共有蜂群23.9万箱，总产量22 111吨。

推荐单位：江山市农业局
联 系 人：丁向英　联系电话：0570-4021336

定海浙东白鹅
Ding Hai Zhe Dong Bai E

产地特征： 定海位于舟山群岛，为亚热带季风气候区，海洋性气候特征较为明显。年平均气温为17.5℃。

产品特性： 定海浙东白鹅成年鹅体型中等大小，体躯长方形，全身羽毛洁白。定海白鹅以食草为主，管理方便，耐粗饲，成本轻，经济效益高。据测定，全净膛屠宰率为77.14%，半膛屠宰率为86%。

定海浙东白鹅在明朝就广为农民所饲养，有将近五百年的历史。年出栏27.77万羽，年产鹅肉749.79吨。

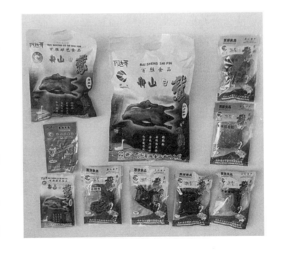

推荐单位：舟山市定海区农林与海洋渔业局

联系人：梅少卿　　**联系电话：** 0580-2059037

仙居鸡

Xian Ju Ji

产地特征：仙居县地处浙江东南部的括苍山区，以丘陵山地为主，气候属中亚热带季风气候，年平均气温18.3℃，年平均降水量2 000毫米左右，生态环境良好，土壤类型为黄壤，是动物防疫的天然屏障，对仙居鸡养殖有优越的自然条件。

产品特性：仙居鸡体型虽小，尾羽高翘，羽毛紧密，外形结构紧凑，体态优美。仙居鸡原种纯正，自然放养于果园、林地之中，野外自由觅食（昆虫野食），运动量大，体格健壮，肉质鲜嫩、营养丰富、味香独特。享有"中华第一鸡"之美誉，获原产地地理标志。

仙居鸡历史悠久，在明万历年间（公元1600年）的《仙居县志》中有对仙居鸡的记载。在仙居县境内养殖面积约40 000余亩，年可出栏仙居鸡200万羽，产量达4 000吨。

推荐单位：仙居县农业局

联 系 人：郑 杰 **联系电话：**0576-87776219

西湖龙井茶

Xi Hu Long Jing Cha

产地特征： 西湖龙井茶产地在杭州市西湖区，茶园在三面环抱的群山中，峰峦叠翠，依山傍水，受一湖一江水气调节和东南季风的影响，气候温暖、湿润、多雾，年平均温度16℃，年降水量1 400毫米左右，森林覆盖率高达70%以上，茶树与森林相连，茶园与自然环境完美融合，独特的小气候和植被、空气、水分、土壤四大要素优化组合的自然条件，极有利于茶树生长和氨基酸、蛋白质及芳香物质的积累与组合。

产品特性： 西湖龙井茶外形"扁、平、光、直"，呈现为中间大、两头小，似"碗钉"，茶条扁平光滑无茸毛；干茶色泽金边绿叶略带糙米色或翠绿；香气幽雅清高，具蛋黄清香或兰花香；滋味甘鲜醇和；汤色碧绿黄莹；叶底细嫩成朵。

用玻璃杯冲泡龙井茶时，一旗一枪林立杯底，犹如朵朵兰花，茶汤碧绿，清香四溢，香气清高，滋味甘醇。同时西湖龙井茶对成品茶的长度要求严格，特级茶长度在1.5～2.0厘米，一、二级茶长度在2.0～2.3厘米。

西湖龙井始于唐、闻于元、扬于明、盛于清，1 500多年历史，西湖龙井茶是国家长期指定的特有礼品茶。2014年，西湖龙井茶园面积为2.6万亩，年产量578吨。

推荐单位：西湖风景名胜区农业局、西湖区农业局

联 系 人：姜新兵 官少辉 **联系电话：** 13575479817，13857134589

余杭径山茶

\ Yu Hang Jing Shan Cha

产地特征：余杭位于杭嘉湖平原南端，西倚天目山，南濒钱塘江，中贯东苕溪和大运河。径山茶产区海拔100~800米，以400~600米最佳，受独特的地形地貌和森林植被等影响，气温较低，四季分明，日照充足，年平均气温在15.3~16.2℃，土壤肥沃，降水丰沛，年降水量在1 150~1 550毫米，气候湿润，云雾缭绕。

产品特性：径山茶主要适制品种有：鸠坑、翠峰、龙井长叶、浙农139、茂绿等，每年的3月25日左右开采。产品外形细紧匀整绿润，色泽绿翠，内质嫩香持久，滋味鲜爽，汤色嫩绿明亮，叶底细嫩成朵，嫩绿明亮。径山茶产品水分≤6.5%，总灰分≤6.5%，水浸出物≥35%，游离氨基酸总量≥1.7%，茶多酚含量>20%。

径山茶始栽于唐，盛于宋，距今已有1 260多年历史。径山茶为浙江区域名牌，4.65万亩茶园通过无公害认证，其中1 100亩通过有机认证，550亩通过有机、绿色双认证，全区有70家企业通过 QS 认证，产量达到6 846吨，目前径山茶品牌价值13.62亿元。

推荐单位：余杭区农业局

联系人：胡剑光　　**联系电话**：0571-86245049

淳安千岛玉叶茶
Chun An Qian Dao Yu Ye Cha

产地特征：千岛玉叶产自浙江省淳安县海拔600米以上的高山，独有的高山土壤有机质含量丰富，pH值4.5～5.5，年平均气温为17℃，年平均降水量为1 430毫米，无霜期230～270天，空气清新湿润。千岛湖森林覆盖率高达81%，形成"冬无严寒，夏无酷暑，春暖早，秋寒迟，无霜期长"的特殊小气候。清澈甘冽的原生态优质水源灌溉，形成了品质优异、外形"俊俏"的好茶——千岛玉叶。

产品特征：千岛玉叶采用鸠坑种为原料，鸠坑种自然品质优异，内含物质丰富，抗逆性强，是我国茶叶栽培区域最广的茶树品种之一。千岛玉叶条形扁宽粗壮，芽长而肥厚，富有立体感，呈自然的糙米色，绿中带黄。香气持久浓郁，带有馥郁的板栗香，滋味浓醇，入口香甜柔和，口感丰富，回味带甘，由于鸠坑种内涵物质极其丰富，所以颇为耐泡，泡五六道而滋味不散。

淳安古称睦州，产茶历史悠久，自东汉即产茶，唐代贡茶睦州鸠坑茶享有盛誉。现有茶园19万亩，其中采摘面积17万亩，全年产量4 000余吨，总产值6亿元以上。

推荐单位：淳安县农办

联系人：黄小平　**联系电话：**13588338253

桐庐雪水云绿茶
Tong Lu Xue Shui Yun Lv Cha

产地特征：桐庐雪水云绿茶原产地范围包括浙江省桐庐县行政范围内的新合乡、分水镇、瑶琳镇、富春江镇等9个乡镇59个村。气候属亚热带南缘季风区，四季分明，温和湿润，常年平均气温17℃，无霜期为250天，年降水量为1 452毫米，年相对湿度80%。境内群山叠翠，溪流纵横，土壤以黄泥土属为多，有机质、氮、速效钾含量丰富，速效磷含量低，pH值在4.5~6.5，茶树生长的自然条件十分优越。

产品特性：品种为鸠坑种，外形单芽针形，色泽嫩绿；汤色清澈明亮，香气清香持久，滋味鲜爽回甘；叶底嫩绿完整；冲泡后杯中婷婷玉立，碧芽含珠舞，举杯细啜，茶香无穷，神清气爽，回味无尽，具观赏美与品味佳的完美结合，以"色、香、味、形"四美而见长。

雪水云绿为中国文化名茶，在历届国际级、国家级、省级、市级名茶评比中均获金奖。名茶"雪水云绿"已有基地6.1万亩，有名茶加工厂373个，有生产农户23 722户，年产量达350吨左右。

推荐单位：桐庐县农业局

联 系 人：姚福军　　联系电话：13805761411

湘湖龙井

Xiang Hu Long Jing

产地特征： 湘湖龙井产自风光旖旎的萧山湘湖周边群山及南部崇山峻岭，主产区为闻堰、所前、进化、戴村和义桥等镇、街道。气候属于北亚热带季风气候区，冬夏长、春秋短、四季分明；光照充足，雨量充沛，温暖湿润，气温适宜，土质深厚肥沃，有机质含量丰富，宜茶环境得天独厚。

产品特性： 茶树品种主要为群体种、鸠坑种、龙井43等，每年的3月中旬进入茶叶开采期，主要采摘一芽一叶至一芽二叶初展鲜叶为原料，采用精湛的加工技艺制作而成，具有外形平扁光滑、大小匀净、色泽嫩绿有光泽，香气清高持久、汤色嫩绿明亮、滋味甘醇爽口、经久耐泡、叶底幼嫩成朵的优异特征。据相关检测，茶多酚含量28.6%，其中儿茶素含量17.7%，氨基酸含量5.08%。咖啡碱含量4.65%。

萧山产茶历史源远流长，早在宋代就以"山多茗"而著称。湘湖龙井的前身是浙江龙井和湘湖旗枪，湘湖龙井也被评为浙江省区域名牌农产品和中国杭州十大名茶。2013年湘湖龙井面积10 000亩，产量367.8吨，产值6 832万元。

推荐单位： 杭州市萧山区农业和农村工作办公室
联 系 人： 蒋炳芳　　**联系电话：** 0571—82623212

宁海望海茶
Ning Hai Wang Hai Cha

产地特征：宁海望海茶产于国家级生态示范区——浙江省宁海县。茶园多分布于海拔900多米的高山上，四季云雾缭绕，空气温和湿润，丰富的有机质含量及肥沃而偏酸性的土质，亚热带湿润的季风气候，特别适合茶树生长，为生产高品质茶叶提供了优越的自然条件。

产品特性：受云雾之滋润，集天地之精华，望海茶外形细嫩挺秀，色泽翠绿显毫，香高持久，滋味鲜爽，饮后有甜香回味，汤色清澈明亮，叶底嫩绿成朵。尤以其干茶色泽翠绿，汤色清绿，叶底嫩绿在众多名茶中独树一帜，具有鲜明的高山云雾茶之独特风格。

宁海产茶历史悠久，在宋代陈耆卿所著的《嘉定赤城志》中记载：宁海禅院十一有二，宝严院在县北九十二里（46千米），旧名茶山，宝元（1038—1040）中建，相传开山初有一白衣道者，植茶本于山中，故今所产特盛。宁海茶种植面积54 000亩，总产量8 022吨。

推荐单位：宁海县农林局

联 系 人：姜燕华　　联系电话：0574-65206997

乐清雁荡毛峰茶

Le Qing Yan Dang Mao Feng Cha

产地特征：乐清雁荡毛峰茶产于常年云雾缭绕、雨量充沛的浙南名山雁荡山。茶园在海拔千米屏嶂巅峰间，土壤为1.2亿余年前火山爆发熔积的香灰砂细肥土，终年饱受雨露滋润，吸收岩隙中营养。

产品特性：雁荡毛峰茶在清明、谷雨间采摘，鲜叶标准为一芽一叶至一芽二叶初展。其品质特点是，外形秀长紧结，茶质细嫩，色泽翠绿，汤色浅绿明净，香气高雅，滋味甘醇，有一饮加"三闻"之说。一闻浓香扑鼻，再闻香气芬芳，三闻茶香犹存。泡饮时，汤时浅绿时亮，芽叶朵朵相连，茶香浓郁，滋味醇爽，异香满口，妙不可言。

乐清产茶始于东晋永和年间，距今已有1 600多年历史。明、清两代皆列为贡品。全市总面积3.5万亩，产量250吨，年产值1.7亿元。

推荐单位：乐清市农业局

联 系 人：方海涛　　联系电话：13505873500

永嘉乌牛早茶
Yong Jia Wu Niu Zao Cha

产地特征：永嘉乌牛早茶产于永嘉县楠溪江流域，邻近东海。茶园多分布于沿江低丘缓坡，这里热量充足，空气湿度高，春天回暖早。年日照、温度、湿度相对适宜，土壤 pH 值在 4.5～6.5。山峦林木葱茏，植被完好，土壤肥沃，空气清新，云雾缭绕，孕育了肥壮柔嫩的茶芽。

产品特性：永嘉乌牛早茶是独特的早生品种，系无性系列品种。一般在立春前后可开采上市，年采摘期仅30天左右。永嘉乌牛早茶所含氨基酸4.8%、咖啡碱3.8%、茶多酚25.7%，高于其他品种茶。

永嘉乌牛早茶于明万历年间（1580年左右）被发现原株，明清有明确记载为贡茶。目前种植面积63 000亩，产量550吨。

推荐单位：永嘉县委农办（农业局）

联系人：刘娟娟　联系电话：13868606881

平阳黄汤茶

Ping Yang Huang Tang Cha

产地特征：平阳黄汤茶园大部分分布在国家级风景名胜区南雁荡山区的水头、山门、腾蛟等乡镇，产地温暖湿润，土壤肥沃，森林覆盖率高，环境质量和生物性保持良好。得天独厚的原生态条件，为平阳黄汤茶良好品质奠定基础。

产品特性：平阳黄汤茶采摘于惊蛰前后，选采平阳特早茶或本地群体种一芽一、二叶初展嫩芽，采摘时要求芽叶形状、大小、色泽一致。采回的芽叶及时摊放，及时加工。平阳黄汤加工在传承传统工艺基础上，结合现代科技，经摊青、杀青、揉捻、"三闷三烘"等工序，历时72小时以上精制而成，产品以"干茶显黄、汤色杏黄、叶底嫩黄"三黄而著称，让平阳黄汤名至实归。

平阳黄汤茶始制于清乾隆年间，列为贡品，距今已有200余年。种植面积3 000亩，产量20吨。

推荐单位：平阳县农业局

联系人：林　静　联系电话：0577-63729375

文成贡茶
Wen Cheng Gong Cha

产地特征：文成贡茶产于文成县峃口镇高山地区，海拔在500米以上。这里常年云雾弥漫，夏无酷暑，冬无严寒，雨量充沛，土壤肥沃，一望无际的茶园气势磅礴，原生态的自然环境造就了独特清新的自然灵气，是种植绿茶的绝好地方。

产品特性：文成贡茶集刘基文化底蕴、天然绿色原料、传统加工工艺和现代高新科技于一体，具有外形美观、色泽嫩绿、香气清高、滋味鲜醇等特点。文成贡茶因茶树生长在高山"半天"、茶叶香气直驱"半天"、持续时间"半天"而闻名于世。

文成县茶叶生产历史悠久，早在明洪武年间，武阳（浙江文成南田）采制的茶叶因其制作工艺独特，品质上乘，被列为贡品。生产面积1 282亩，年总产量27吨。

推荐单位：文成县农业局
联 系 人：陈丹丹　　联系电话：13968914455

泰顺三杯香茶

Tai Shun San Bei Xiang Cha

产地特征：泰顺三杯香茶产自国家生态示范区、全国重点产茶县、中国茶叶之乡、中国名茶之乡——浙江省泰顺县。境内峰峦叠嶂，云雾迷漫，具得天独厚的产茶环境。典型的亚热带海洋性气候，温暖湿润，四季分明，春夏水热同步，秋冬光湿互补。泰顺茶园主要分布于海拔150～800米山区，以红黄壤为主，pH值在4.5～5.5，有机质含量为3%～4%。

产品特性：浙南山区山清水秀、云雾弥漫孕育了三杯香茶优异的品质：清汤绿叶、香高持久、滋味鲜醇、经久耐泡、三杯犹存余香。三杯香茶执行地方标准 DB 3303/T35，分条形三杯香茶和扁形三杯香茶2种产品。

泰顺产茶历史悠久，唐宋时期已普遍种植茶树，现茶园7.4万亩，年产茶叶2 618吨，产值2.41亿元。

推荐单位：泰顺县农业局

联 系 人：郑挺盛　　联系电话：0577－67590751

德清莫干黄芽

De Qing Mo Gan Huang Ya

产地特征: 原产地区域为104国道以西,莫干山镇筏头乡及武康镇部分村,地理位置为东经119°46′~119°56′,北纬210°28′~30°42′。气候类型属亚热带季风型海洋性气候,地形为丘陵,土壤以黄泥沙土为主,pH值4.8~5.5,降水和云雾多,相对湿度较高,其海拔为500~700米,生态条件优越,土壤植被率高。

产品特性: 莫干黄芽茶外形细紧多毫,香气清高幽雅,滋味鲜爽浓醇,汤色嫩绿清澈,叶底细嫩明亮成朵。莫干山区独特的生态环境,配当地群体种鸠坑种等,适应性能较好的茶树品种和标准加工工艺,对茶树生长和形成鲜叶优良品质提供了可靠保证。1980年春,莫干黄芽

茶样浙江农业大学茶叶系生化室测定,每百克干茶中:茶多酚16.9克,氨基酸总量4.5克,酚氨比值仅3.75,三项指标均居我省各种名茶之首,采摘时间集中在3月底至4月底,"莫干黄芽"早在1982年被浙江省农业厅首批颁发的省七大名茶之一。

"莫干黄芽"是德清县历史名茶,多次在中茶杯、中绿杯上获奖。茶园面积1.1万亩,年产干茶106吨,年产值5000余万元。

推荐单位:德清县农业局

联 系 人:谢宇清   联系电话:13906827011

长兴紫笋茶
Chang Xing Zi Sun Cha

产地特征：产于浙江长兴顾渚山一带，低山丘陵，坡度平缓，植被丰富，土层厚，有机质含量高，年平均气温15.6℃，年均降水量1 309毫米。年均日照时数1 810.3小时，自然环境优越，非常适合茶树生长。顾渚山因处于良好的小气候条件，从而孕育出流芳千年的紫笋茶，紫笋茶有着优异的内质和独特的香味。

产品特性：由龙井43、鸠坑早、浙农139、浙农117、鸠坑原种等无性系良种以及野茶和鸠坑群体种等有性品种加工而成，一般在3月中下旬或4月上旬采制。紫笋茶有着优异的内质和独特的香味，芽叶细嫩，芽色带紫，芽形如笋，条索紧裹，沸水冲泡，汤色嫩绿明亮，香气清高鲜爽，滋味甘醇，芳香扑鼻；茶叶舒展后，呈兰花状。通常水浸出物含量在45%左右，茶多酚在31%～35%，酚氨比不高，硒含量较高，质量安全状况好。

紫笋茶由陆羽取名，自唐至明连续进贡800多年。2014年生产面积9.86万亩，产量647吨。

推荐单位：长兴县农业局

联系人：王 辉　　**联系电话：**0572-6033810

安吉白茶
An Ji Bai Cha

产地特征：安吉白茶原产地范围限于浙江省安吉县现辖行政区域。属北亚热带南缘季风气候区，全年气候温和，四季分明，常年平均气温15.5℃，无霜期226天，降水量1 500毫米左右。区域内山地资源丰富，森林覆盖率达69%，为山地丘陵红黄壤，土层深厚，有机质含量高，土壤 pH 值4.5～6.5，有宜茶的良好基础。

产品特性：品种为白叶1号，属"低温敏感型"变异茶种，芽叶呈玉白色。采摘时间在3月中下旬至4月中下旬。安吉白茶现有龙形、凤形两种工艺，市售多以凤形为主，外形条索紧细显芽，形似凤羽又如兰花，干茶色泽玉白鲜润。安吉白茶含氨基酸总量达10.6%，其中 L- 茶氨酸达

5%，茶多酚15.4%，儿茶素13%，嘌呤碱2.8%，硒0.2毫克 / 千克，硒含量明显高于其他茶品，营养保健成分十分丰富。香气清高、鲜爽、具花香，滋味鲜醇、甘滑，汤色浅嫩绿、清澈明亮。叶底嫩匀成朵、叶白脉绿。

最早记载见于宋代《大观茶论》，其中安吉白茶品质最好，徽宗皇帝最喜爱，被列为第一贡茶。目前，全县安吉白茶茶园开采面积约15万亩、产量1 800吨、产值20.16亿。

推荐单位：安吉县农业局
联 系 人：赖建红
联系电话：13967277618

新昌大佛龙井茶
Xin Chang Da Fo Long Jing Cha

产地特征：新昌大佛龙井茶产于龙井茶原产地域越州产区的新昌县，是浙江省茶叶优势产区，位于浙江东部。地处亚热带季风气候区，四季分明，雨量充沛，气候条件优越。茶园主要分布于海拔200～800米的丘陵山地，土壤有机质含量丰富，周围植被茂密，具备生产优质名茶的生态环境条件。

产品特性：新昌大佛龙井茶园区内主栽品种有龙井43、乌牛早、迎霜等无性系茶树良种及鸠坑等有性系品种，全县无性系品种比率约占67%。茶园开采期一般2月底3月初。产品选用高山无公害良种茶园的幼嫩芽叶，经摊放、青锅、摊凉、辉锅、分筛整形等工艺精制而成。外形扁平光滑、尖削挺直，色泽嫩绿匀润。产品总灰分小于6.5%，水浸出物大于36%，氨基酸、维生素矿物质含量丰富，具有良好营养功能。滋味鲜醇甘爽，汤色杏绿明亮，香气嫩香持久、略带兰花香，叶底细嫩成朵匀齐，具有典型的高山茶风味。

大佛龙井茶是我国有较高知名度的茶叶区域公用品牌之一，经评估品牌价值达到27.91亿元。目前全县共有茶园面积12万亩，有18万人从事茶叶及其相关产业，年产大佛龙井茶约5 000吨，产量占全国同类产品的四分之一，一产产值近7亿元，产业链产值超过18亿元。

推荐单位：新昌县农业局
联系人：吕文君　　**联系电话：**0575-83187332

柯桥平水日铸茶

Ke Qiao Ping Shui Ri Zhu Cha

产地特征： 柯桥区位于浙江中北部地区，北部地处绍虞平原，南部紧靠会稽山脉。气候温和，四季分明，雨量充沛，降水时间分布季节性明显。属于东亚季风区，季风气候显著。平水日铸茶产于常年云雾缭绕之日铸岭一带的无公害或绿色食品基地茶园。

产品特性： 平水日铸茶主栽品种是龙井43，属国家级良种。采摘期为3月下旬到4月中旬。日铸茶条索细紧略钩曲，形似鹰爪，银毫显露，采用一芽二叶至一芽三叶初展的茶树嫩芽为原料精心制作而成，外形绿润鲜活，盘花卷曲，颗粒重实。茶汤色绿明亮，滋味醇厚回甘，栗香持久，叶底嫩绿，完整成朵，滋味鲜醇，别有风韵。

平水日铸茶在宋代不仅是达官贵人间遗赠的佳品，而且已经成为贡品。平水日铸茶生产区域内8万多亩茶园，年生产销售平水日铸茶系列名优茶2 000多吨，产值2.3亿元。

推荐单位：绍兴市柯桥区农业局

联系人：金云来   联系电话：0575-84119103

诸暨绿剑茶

Zhu Ji Lv Jian Cha

产地特征：诸暨绿剑茶由浙江诸暨绿剑茶业有限公司生产，公司成立于1999年，是一家集科研、开发、示范、推广、生产、经营、文化、休闲为一体的综合性茶叶民营企业，系浙江省农业科技企业和浙江省省级骨干农业龙头企业。2008年10月公司被列入国家现代农业茶产业技术体系绍兴综合试验站，1998年至今，基地、加工厂已连续多年通过HACCP、有机产品、绿色食品、无公害农产品认证。"绿剑"商标被认定为中国驰名商标和浙江省著名商标。"绿剑"牌茶叶分别获"浙江名牌产品、浙江十大名茶、浙江名牌农产品"等荣誉称号。

产品特性：绿剑茶原料采自西施故里的龙门山脉和东白山麓之间，海拔从500多米到800多米，常年云雾缭绕、无污染的生态茶园。绿剑茶采用手工与机械方式加工而成，成品茶：形如绿色宝剑，坚挺有力，色泽嫩绿，汤色清澈明亮，滋味鲜嫩爽口，香气清高，叶底全芽匀齐，嫩绿明亮。冲泡时芽头耸立，犹如绿剑群聚，栩栩如生；赏之心旷神怡，品之回味无穷。

推荐单位：诸暨市农业局

联系人：金英　　联系电话：0575-87108403

越乡龙井茶

Yue Xiang Long Jing Cha

产地特征：嵊州四面环山，九曲剡溪横贯其中，佳山秀水，风景幽丽。气候温和湿润，雨量充沛。茶园多分布在海拔300~500米的丘陵山区，土壤肥沃，常年云雾缭绕，得天独厚的自然环境十分适宜茶树生长。

产品特性：越乡龙井茶采用高山优质茶树嫩芽精制而成，具有外形扁平光滑，挺秀匀齐，芽锋显露，微显毫，色泽嫩绿光润；内质香气高鲜，滋味甘醇爽口，汤色清澈明亮，叶底幼嫩肥壮，匀齐成朵。

嵊州早在汉代就有种茶、采茶、饮茶的习俗，晋代已甚流行，元、明、清三朝，嵊州均有茶叶进贡朝廷。嵊州市现有9.5万亩茶园，越乡龙井茶年产量6 000多吨，销往全国各个地区，其中以北方城市为主。

推荐单位：嵊州市农业局

联 系 人：汪新贵　　联系电话：0575-83187332

武阳春雨茶
Wu Yang Chun Yu Cha

产地特征： 武阳春雨茶产于"中国有机茶之乡"——浙江省武义县。境内峰峦叠翠，山清水秀。优越的自然环境造就了武阳春雨茶纯天然、无污染的先天品质。

产品特性： 其形似松针细雨，色泽嫩绿稍黄，滋味甘醇鲜爽，具有独特的兰花清香。多年来，始终坚持实施"基地化、组织化、产业化、品牌化"发展战略，倾力打造武阳春雨茶品牌并取得显著成效。近5年，武阳春雨茶共荣获国内外茶博会、农博会金奖13次，并先后被评为"中国放心茶推荐品牌""浙江省名牌产品""浙江省名牌农产品""金华市群众最喜爱名茶"等。特别是

2004年武阳春雨茶以其卓尔不群的品质荣获首届浙江省十大名茶，2009年蝉联浙江省十大名茶，品牌效应日益显现。

武阳春雨为武义茶叶公共品牌，10多家加盟企业，加盟企业在统一品牌、统一管理、统一包装、统一宣传的四统一管理下，以企业商标保证质量，进行市场开拓。全县拥有茶园面积12.3万亩，2013年总产量1.58万吨，产值6.5亿元。

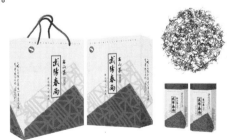

推荐单位： 武义县农业局

联系人： 邓树青　　**联系电话：** 13905895393

东阳东白茶

Dong Yang Dong Bai Cha

产地特征：东白茶因产于东阳最高峰——海拔1 193.6米的东白山，故名。茶园大多处在海拔400米以上的山区，群山峰峦起伏，崇峻崔巍，山上终年绕雾，峻岭平川时隐时现，污染源极少，土壤肥沃，有机质含量丰富，温度、降水、光照等自然条件好，是传统的优质茶叶产区，北部、东北部主产区茶园面积4.6万亩被浙江省政府列入龙井茶原产地域保护越州产区。

产品特性：东白茶选取的鲜叶原料主要有东阳"木荷"茶树种、龙井43、中茶108等品种。东白茶有东白春芽、东白龙井、东白毛尖等不同名号，"东白龙井"茶在清明前一周左右开始采制，采摘一芽一叶和一芽二叶初展的芽叶，加工上吸收、采用"西湖龙井"的采制工艺和技术。成品茶品质可与西湖龙井相媲美，也有自己的特色。品质特征为：外形扁平光滑，茶芽挺直肥壮，色泽绿润嫩黄，内质香高鲜嫩，香气持久独特，滋味鲜，醇厚，汤色嫩绿，清澈明亮，芽叶肥嫩成朵，叶底嫩绿明亮。

《山越史》记载，早在汉代东阳东白山区就已产茶。2006年"东白"茶获浙江名牌产品；2007年"东白"牌东白茶被认定为首批浙江农业名牌产品。种植面积4.8万亩，产量900吨。

推荐单位：东阳市农业局
联 系 人：马国强　　联系电话：0579-86650726

开化龙顶茶

Kai Hua Long Ding Cha

产地特征：开化县位于浙江西部边境，是浙江省母亲河——钱塘江的源头。全境峰峦重叠，山岭连绵，县域版图的85%为山地，森林覆盖率80.4%，平均海拔300~400米。属亚热带季风气候，四季分明、温和宜人。是"中国龙顶名茶之乡"，中国绿茶"金三角"的核心茶区和绿茶生产最优势区域之一。

产品特性：开化龙顶茶开采时间为2月25日至3月3日，选用高山良种茶树生长健壮的一芽一叶或一芽二叶为鲜叶原料，经传统工艺精制而成。具有外形紧直挺秀，色泽翠绿，香气持久，滋味鲜醇甘爽，汤色杏绿明亮，叶底匀齐成朵的独特风格，更具有"干茶色绿、汤水清绿、叶底鲜绿"的"三绿"特征，是形美质优的绿色佳茗，被誉为"杯中森林"。

开化县产茶历史悠久，在明朝已列为贡品。到2013年年底，全县茶叶总面积12万亩，总产量12 500吨，总产值6.82亿元。

推荐单位：开化县农业局

联 系 人：胡金寿　　**联系电话：**0570-6013864

江山绿牡丹茶

Jiang Shan Lv Mu Dan Cha

产地特征：原产地范围限于浙江省江山市现辖行政区域内的14个乡镇。属亚热带湿润季风气候，四季分明，年降雨量1 650~1 850毫米，日照时数2 000多小时。区域内山地资源丰富，森林覆盖率达68%，茶园土壤多属红黄壤，呈酸性或微酸性，pH值4.5~6.5，土壤肥沃，有机质含量丰富，是名优绿茶适宜产地。

产品特性：江山绿牡丹茶选用"鸠坑""浙农117""龙井43"等茶树品种鲜叶为原料，3-4月采摘单芽至一芽二叶初展，经摊青→杀青→揉捻→初烘→理条→复烘→足干（提香）等工序加工而成。在加工过程中利用扇风，迅速降低叶温，保证茶叶色泽格外翠绿、香气清鲜，外形条直似花瓣，白毫显露，色泽翠绿诱人，汤色嫩绿明亮，香气清香持久，滋味鲜醇爽口，叶底肥厚成朵。茶叶投入杯中，开水冲泡后，茶芽根在下，尖在上，缓缓挺直绽放，极似牡丹初展。

江山市现有茶园面积50 020亩，产量达1 100吨。

推荐单位：江山市农业局

联 系 人：陈加土　　联系电话：0570-4025806

普陀佛茶
Pu Tuo Fo Cha

产地特征： 普陀位于亚热带季风气候区，四季分明，光照较多，热量丰富，雨量充沛，年平均气温在15～18℃。土壤以粗骨土为主，较为肥沃，含有多种微量元素，十分适宜茶树的生长。

产品特性： "普陀佛茶"是普陀区的传统特产之一，产于佛教圣地海天佛国——普陀山及周围诸海岛。在"清明"节前后采初展鲜叶一芽一叶至一芽二叶精制而成，条索"似螺非螺，似眉非眉"，色泽翠绿披毫，香气馥郁，汤色和叶底嫩绿明亮，滋味甘醇爽口。

"普陀佛茶"历史悠久，早在明代就有记载，经当地僧侣和居民精心培植，遂以其独特的风味而享有盛名。清朝光绪年间，被列为贡品。目前，普陀佛茶生产面积4 300亩，产量10吨，产值800多万。

推荐单位：舟山市普陀区农林水利围垦局

联 系 人：柳海兵

联系电话：0580－3807297

天台山云雾茶
Tian Tai Shan Yun Wu Cha

产地特征：天台山云雾茶产自天台县行政区域，境内21座海拔千米以上的高山环抱着14万余公顷低山丘陵，全县茶园全部分布在海拔500~1 000米的山地上，生态环境独特，是植茶之佳地。土壤以黄壤为主，土层深厚，有机质丰富，通透性好。全县茶园不断发展，现已形成了五条平均海拔500米以上的万亩高山生态茶叶产业带。

产品特性：天台山云雾茶素有"佛天雨露、帝苑仙浆"之美誉。产品运用其独特的加工工艺，拥有"外形细紧绿润披毫，香气高锐浓郁持久，滋味浓厚鲜爽清冽回甘，汤色嫩绿明亮，冲泡数次而不减真味"的感官品质，独具高山云雾茶的优良特色。天台山云雾茶传统加工工艺已被选为浙江省非物质文化遗产，开采时间一般为每年3月底到4月上旬不等。

天台山云雾茶为浙江历史名茶之一，早在三国葛玄植茶之圃已上华顶。种植面积10 000亩，产量2 300吨。

推荐单位：天台县林特局

联系人：陈 俊　　联系电话：0576-83884548

缙云黄茶
Jin Yun Huang Cha

产地特征：缙云黄茶多数分布于缙云海拔500～700米高山密林地带，年平均气温为17℃，昼夜温差大，年均降水量为1 385～1 555毫米，年均光照时数为1 506～1 610小时，茶叶生长地峰峦叠嶂，云雾缭绕，林木参天，泉鸣谷应，植被茂盛，土壤有机质丰富，土壤pH值为4.2～6.5，因其得天独厚的生态条件并远离污染，是真正的原生态茶。

产品特性：缙云黄茶芽叶金黄亮丽，茶中奇葩，干茶形状有扁形、卷曲形、直条形，色泽金黄透绿，光润匀净，芽叶完整，芽叶长度不超过2.5厘米。氨基酸含量5.4%、叶绿素含量0.04%、茶多酚含量17.4%、咖啡碱含量3.3%、水浸出物44.0%。汤色鹅黄隐绿、清澈明亮；叶底玉黄含绿、鲜亮舒展；滋味清鲜柔和，爽口甘醇；香气清香高锐，独特持久。缙云黄茶完全不同于传统上的"黄茶"，是兼有绿茶风味、传统黄茶风格的新一代"黄茶"。

传说，黄帝在鼎湖峰飞天之时，灵草沾金丹仙气，绿叶成金枝，以水冲泡，汤黄叶黄，清香不散，回味甘醇，饮者体健明目，百病祛除。缙云百姓因其黄帝所赐，故谓之缙云黄茶。全县现有黄茶面积4 100亩，总产量2吨。

推荐单位：缙云县农业局

联 系 人：胡惜丽　　**联系电话：**13967060809

景宁惠明茶
Jing Ning Hui Ming Cha

产地特征：景宁县地处浙江南部地区，惠明茶茶园多在海拔600米左右的山坡上，境内群山环抱，林木茂盛，山清水秀，惠明寺一带土地肥沃，多为富含有机质的微酸性沙质黄土和沙质香灰土，景宁县属亚热带季风气候，冬季无严寒，春季回温早，茶区云雾缭绕，茶树经常受漫射光照射，有利于茶叶中芳香物质、氨基酸等成分的合成和积累。这一优越的地理位置，为金奖惠明茶品质的形成奠定了基础。

产品特性：金奖惠明茶以品质特征著称，据专家测定，惠明茶一般含游离氨基酸2.5%～3.5%，高的可达3.5%～4.5%，其中鲜甜味游离氨基酸占总量的75%～90%，酸苦味游离氨基酸占总量的10%～25%。惠明茶冲泡后有兰花香气，水果甜味，有"一杯鲜，二杯浓，三杯甘又醇，四杯五杯韵犹存"的特点。惠明茶品质特点：条索紧密壮实，色泽翠绿光润，银毫显露，滋味鲜爽甘醇，带有兰花香气，汤色清澈明绿。

"金奖惠明茶"始于唐代，有着上千年的历史，历朝历代均为茶中精品。截至2014年年底，全县共有茶园面积5.65万亩，产茶2 187吨，产值3.19亿元。

推荐单位：景宁县农业局

联 系 人：李永青

联系电话：0578-5093369

龙泉金观音

Long Quan Jin Guan Yin

产地特征：龙泉市地处浙江省西南部，为瓯江、钱塘江、闽江三江源头，全市森林覆盖率达到84.2%，属典型中亚热带湿润季风气候。茶园土壤以黄红壤为主，pH值在4.0～6.0，有机质含量高，土壤疏松肥沃。

产品特性：主要品种为茗科1号，2002年审定为国家品种，灌木型，中叶类，早生种。树姿半开张，分枝较密，叶片呈水平状着生，叶椭圆形，叶色深绿，叶面隆起，叶质厚脆。芽叶紫红色，茸毛少。春茶萌芽期一般在3月上旬，一芽三叶盛期在4月初。

一芽三叶百芽重平均50克，芽叶生育力强，发芽密且整齐，产量高，乌龙茶、红茶品质优异。其典型品质特征"螺钉形、花香浓"，外形条索细紧，色泽乌润，香气高爽带花香，滋味鲜醇

有回甘，具有"鲜、活、甘、甜"之特色。

龙泉产茶历史悠久，史载三国时就产茶，被誉为继龙泉青瓷、龙泉宝剑之后"第三宝"。生产面积3.7万亩，总产量600吨。

推荐单位：龙泉市农业局茶产业中心

联 系 人：周淑兰

联系电话：0578-7112680

遂昌龙谷丽人茶
Sui Chang Long Gu Li Ren Cha

产地特征：遂昌县是浙江省三大茶叶优势产区之一的浙南产区重点县，2012年底通过第2批国家级生态县验收鉴定。境内山清水秀，空气清新，环境洁净，极少工业"三废"污染，自然生态环境优越，为茶树生长提供了得天独厚的条件，是浙江省茶叶生产第一类适生区。

产品特性：龙谷丽人茶创制于2001年，采摘新萌发未展叶的单芽，经摊青、杀青、搓揉、理条、搓条整形、干燥等工序精制而成。龙谷丽人茶条形浑直似眉，色泽翠绿隐毫，香气清幽持久，汤色清澈明亮，滋味甘醇鲜爽。因冲泡时，嫩芽直竖杯中，亭亭玉立、似丽人翩翩起舞而得名"龙谷丽人"。龙谷丽人茶色、香、味、形俱佳。

2013年全县种植规模4 200亩，产量42吨。

推荐单位：遂昌县农业局

联系人：黄志平　　联系电话：15990847807

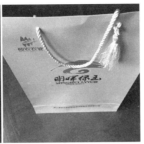

松阳香茶

Song Yang Xiang Cha

产地特征：松阳县是国家四大生态示范区之一浙江绿谷的重要组成部分，全县地处中亚热带季风气候区，全年温暖湿润，四季分明，冬暖春早，气候垂直差异明显，属全省茶树一类适生区。原产地范围浙江省松阳县现辖行政区域，茶园主要分布在盆地、丘陵谷地和低中山地，海拔最低点78米，最高点1 502.3米，pH值4.5～6.5，有机质含量1.0%以上，所生产的茶叶与同类产品相比具有明显的上市早和品质佳优势。

产品特性：松阳香茶以香得名，以形诱人，具有条索细紧、色泽翠润、香高持久、滋味浓爽、汤色清亮、叶底绿明的独特风格，以"色绿、条紧、香高、味浓"四绝著称，能提神清心、清热解暑、消食化痰、去腻减肥、解毒醒酒、生津止渴、降火明目、止痢除湿、防癌抗辐射，深受广大消费者喜爱。

松阳产茶已有1 800多年历史，在唐代，卯山仙茶就被列为贡品。"松阳香茶"是松阳大众茶品牌，种植面积11 560亩，产量达到8 100吨，因价格实惠，深受广大消费者喜爱，名气也越来越大，畅销全国20多个省、市，是浙江优质绿茶的典型代表。

推荐单位：松阳县农业局

联系人：叶火香

联系电话：0578—8062791

乐清铁皮石斛（枫斗）

Le Qing Tie Pi Shi Hu（Feng Dou）

产地特征：乐清铁皮石斛产于雁荡山麓，面海背山，属亚热带海洋性气候。气温温和，四季分明，冬暖夏凉，雨量适中，光照充分，最适合铁皮石斛种植。

产品特性：石斛系多年生草本植物，可入药。乐清铁皮石斛为石斛中的珍品。铁皮枫斗为铁皮石斛的加工品，呈螺旋形或弹簧状，通常具2～4旋，表面灰绿色、黄绿色。质坚实，易折断，微甘，气微香，味淡，嚼之有黏性。经检测浸出物含量达6.8%，多糖含量达38%，还富含生物碱、游离氨基酸、菲类化合物、各种微量元素等。具有滋养阴津、增强体质、补益脾胃、护肝利胆、强筋降脂、降低血糖、抑制肿瘤、明亮眼睛、滋养肌肤、延年益寿等十大功效。

乐清市铁皮石斛种植面积达6 000多亩，铁皮石斛企业228家，年产铁皮石斛500吨，并将逐年递增。从事枫斗加工人员2万多人，年加工铁皮石斛上千吨，年产值近10亿元。

推荐单位：乐清市农业局
联系人：项 雄 联系电话：13780106700

平阳黄栀子

Ping Yang Huang Zhi Zi

产地特征：平阳地处浙南沿海，丘陵、谷地、平原、河海一应俱备。属海洋性季风气候区，光照充足，雨水丰沛，物产丰富。

产品特性：平阳黄栀子果实呈长卵圆形或椭圆形，表面红黄色或棕红色。它的花为白色喇叭形状，花香浓郁。栀子每年6月前开花，当年的10月底和11月初果子成熟开摘。除观赏外，其花、果实、叶和根可入药，具有保肝利胆、清热利尿、泻火除烦、凉血解毒之功能，是传统中药材。

温州平阳一带早在东晋时期就有栀子栽培。2013年种植面积12 500亩，鲜果产量3 200多吨，烘干后约1 100吨，产值2 800万元。

推荐单位：平阳县农业局

联 系 人：林 静　　联系电话：0577—63729375

瑞安温郁金
Rui An Wen Yu Jin

产地特征：瑞安温郁金主要产地位于飞云江中下游冲击平原陶山镇一带。土壤松软、粗砂含量高、冬季温暖、夏季湿润等气候和地理条件极利于温郁金的生长，造就了温郁金特有的品质。瑞安是温郁金种植的发源地和主要产地，其中沙洲村基地获得国家药监局 GAP 认证。

产品特性：温郁金为姜科植物，是著名中药"浙八味"之一，是道地中药材。温郁金经清洗、水煮、晒干等程序，其块根初加工成干品温郁金，其根茎初加工成干品温莪术、片姜黄。20世纪70年代以后，两者主要用于提取莪术油，被广泛应用于注射液、栓剂、胶囊、化妆品等领域。莪术油具有抗菌、抗病毒、抗肿瘤、抗血栓、保肝、增强免疫力等功效。

温郁金种植历史渊源流长，最早在公元657年的中国第一部药典唐《新修本草》中就有记载。目前瑞安市温郁金种植面积约3 000亩，商品温郁金、温莪术和片姜黄1 200吨（干品）。

推荐单位：瑞安市农业局

联 系 人：陈义重　　联系电话：13706645613

安吉水栀子

\ An Ji Shui Zhi Zi

产地特征：安吉县地处浙江省西北部，位于长江三角洲经济圈的腹地，境内七山一水二分田，森林覆盖率高，有良好的生态环境。全年光照充足、气候温和、雨量充沛、四季分明。年均气温15～17℃。安吉县生态环境优美，大气质量达到国家一级标准，水体质量极大部分在二类水体以上。土壤肥沃，主要以红黄壤为主，pH 值中性偏酸性。

产品特性："阿里山1号"水栀子性喜温暖、湿润的气候环境，幼苗能耐荫蔽，成年植株要求光照充足，适宜于朝阳黄土丘陵45°左右缓坡偏酸土壤。茜草科常绿灌木植物，以果实为药食用部分，果实体圆、皮薄、色红、饱满。果含有色素类、环烯醚萜苷类、有机酸类、多糖类、油脂类和微量金属元素类六大有效成分，其中

色素类和环烯醚萜苷类是有效成分含量较高，总含量占栀子果的20%～30%。

"阿里山1号"水栀子1999年从台湾引种到黄土丘陵高禹试种，通过4年即2003年无性培育成功后，得到积极推广，目前已达种植面积近15 000亩，产量2 500吨。

推荐单位：安吉县农业局

联 系 人：曹建民　　　联系电话：0572-5220461

桐乡杭白菊
Tong Xiang Hang Bai Ju

产地特征：杭白菊为地理标志产品，原产地浙江省桐乡市，地处长三角浙北水网平原，平均海拔5.3米，适宜种植于黏壤中性偏酸土壤，通气良好的地块，年日照时数1 980小时左右，≥10℃的活动积温5 100℃以上。

产品特性：主栽品种小洋菊、早小洋菊（均经省非主要农作物品种认定委员认定）。性喜温光，植株茎秆细而柔韧，呈半匍匐状，有效花蕾多，花朵直径3.8～4.2厘米，花瓣玉白色，花蕊金黄色。外观品质：杭白菊（朵花）要求花瓣玉白、花蕊深黄；胎菊花瓣肉黄色，花蕊黄色略带绿。产品均要求花形完整，色泽均匀，花朵大小均匀。杭白菊具有清心解渴、润

喉生津、消暑除烦、清肝明目等功能，经检测：绿原酸含量6.42‰，总黄酮2.74%，挥发油2.06mL/kg，木犀草苷0.282%，3，5-0-咖啡酰基奎宁酸0.83%。杭白菊风味特征体现为开水泡饮汤汁淡黄澄清，味微甜，芳香味浓，花形完整，品质佳。

推荐单位：桐乡市农业局

联系人：徐 杰　联系电话：0573-88197116

金华佛手
Jin Hua Fo Shou

产地特征：主产于金华市金东区、婺城区，属亚热带季风气候，四季分明，年温适中，热量较优，雨量丰富，日照热量资源丰富。全市多年平均气温17℃左右，年均无霜期达252天，年降水量1 426.2毫米。土质含微酸性沙壤土，土质疏松、肥沃，非常适应金华佛手的种植。

产品特性：金华佛手果实由外果皮（黄色层）和中果皮（白色层）组成，佛手指形清晰舒展，果皮金黄色，果肉玉白色，果实质地饱满，味微苦而甘，气辛香浓郁持久。金华佛手果中含多种氨基酸、脂肪及矿物质。据农业部农产品及转基因产品质量安全监督检验测试中心分析测定，金华佛手含有16种氨基酸，其中有人体必需的氨基酸7种，每100克金佛手鲜果中含有多种微量元素，具有较高的药用价值。金华佛手

主要有"青衣童子""千指百态"等品种，"青衣童子"佛手为金华特有品种，因其树枝皮色较青而得名；"千指百态"是浙江锦林佛手有限公司自主培育的新品种，已经国家植物新品种办公室认定。

金华种植金佛手历史悠久，已近千年，金东区现有佛手面积1 000余亩，年产佛手2 000余吨。

推荐单位：金华市金东区农林局

联系人：王艳俏　　**联系电话：**0579-82191923

龙泉灵芝
Long Quan Ling Zhi

要品种为沪农灵芝一号，孢子饱满，产量高。龙泉灵芝富含灵芝多糖体、灵芝三帖类、核苷酸、灵芝酸等营养成分，尤其有机锗和三帖类含量相比其他产地灵芝要高；具有扶正固本、青春美容、养生保健、延年益寿等功效。灵芝气微香，味苦涩，其药性为甘，平，对于增强人体免疫力、调节血糖、控制血压、辅助肿瘤放化疗、保肝护肝、促进睡眠等方面均具有显著疗效。

产地特征： 龙泉灵芝产地范围限于龙泉市现辖的行政区域，属亚热带季风气候区，境内山岭叠嶂，溪流密布，林木茂盛，空气清新，森林覆盖率达84.2%，被誉喻为"中国生态第一市"，得天独厚的自然地理环境和阔叶林资源，良好的气候与土壤条件，非常适合灵芝生长。

产品特性： 龙泉无粉灵芝主要品种为龙之二号，子实体厚实，外形美观，产量高；产粉灵芝主

据龙泉县志记载，北宋淳熙十一年（公元1184年）处州姜特立，献"香菌"一诗，热情赞扬龙泉灵芝的稀少珍贵。2010年5月及2011年9月龙泉灵芝和龙泉灵芝孢子粉分别获得地理标志产品保护。2013年，全市辖区内生产灵芝5 000余立方米，面积280亩，产灵芝150吨，灵芝孢子粉150吨。

推荐单位：龙泉市农业局
联 系 人：叶晓菊　　联系电话：0578-7123459

磐安香菇
Pan An Xiang Gu

产地特征：磐安县是首批"国家级生态示范区"、是"中国香菇之乡"。境内大气环境质量达到国家规定的Ⅰ级标准，河水常年保持Ⅰ类水平，独特的地理位置和优越的生态条件，为磐安食用菌生产创造了良好的条件。

产品特性：磐安香菇个体均匀，香气醇厚，味道鲜美，被誉为"菇中极品"。在日本和国内的上海等市场上享有盛名。日本客商中就有"中国香菇出浙江，浙江香菇数磐安"之说。"磐山源"牌油焖香菇菇香浓郁、即开即食，适合做饭店冷盘、也是外出旅游的理想美味。

"磐峰"牌香菇1998年被商业部评为优质产品，2013年被评为浙江省名牌产品，"磐峰"商标是浙江省著名商标。现在，已经形成了内销出口并举、干菇鲜菇齐名的格局。年种植香菇等食用菌4 100万袋，种植面积5 800亩，产量3.1万吨，销售额3.4亿元。

推荐单位：磐安县农业局
联 系 人：陈玉华
联系电话：0579－84668523

龙泉黑木耳
Long Quan Hei Mu Er

产地特征：龙泉市地处浙江西南部浙闽边境，境内山岭叠嶂，730多座海拔千米以上高峰竞相争峙，溪流密布，林木茂盛，气候温和湿润，雨量充沛。光热资源丰富，冬暖春早，无霜期长，垂直气候差异明显的优越条件，完全符合无公害生产对环境的要求，非常适宜发展黑木耳。

产品特性：龙泉黑木耳主要品种为916，质地柔软，产量高。龙泉黑木耳子实体胶质、成圆盘形、单片、耳片厚、色泽深、口感松脆、耐浸泡、干后成角质。龙泉黑木耳每100克干品中含蛋白质10.6克，脂肪0.2克，碳水化合物65克，粗纤维7克，钙375毫克，磷201毫克，铁185毫克，此外还含有维生素$B_1$0.15毫克，维生素$B_2$0.55毫克，烟酸2.7毫克。黑木耳色泽黑褐，质地柔软，味道鲜美，营养丰富，可素可荤，不但为中国菜肴大添风采，而且能养血驻颜，令人肌肤红润，容光焕发，并可防治缺铁性贫血。

2013年，全市生产黑木耳1.8亿袋，种植面积18 000亩，产量0.978万吨（干品），浙闽赣食用菌交易中心年交易额达30亿元，成为南方黑木耳产品交易的集散中心。

推荐单位：龙泉市农业局

联 系 人：叶晓菊　　联系电话：0578-7123459

庆元香菇

Qing Yuan Xiang Gu

产地特征：庆元县位于东经118°50′～119°30′，北纬27°25′～27°51′。地势东高西低，落差很大，森林覆盖率高达86%。全县大部属亚热带季风气候区，温暖湿润，四季分明，日照充足，降水丰沛，无霜期长，年平均气温17.6℃，年均无霜期245天，年均日照1 757.3小时，非常适宜庆元香菇的生长。

产品特性：庆元香菇菌盖直径5～12厘米，有时可达20厘米，幼时半球形，后呈扁平至稍扁平，表面菱色、浅褐色、深褐色至深肉桂色，中部往往有深色鳞片，而边缘常有污白色毛状或絮状鳞片。菌肉白色，稍厚或厚，细密，具香味。庆元香菇鲜嫩可口、香郁袭人；富含蛋白质、低脂肪，多糖、多种氨基酸和维生素，常食香菇有预防佝偻病、感冒，降低血压、血脂，提高人体免疫力，治疗贫血，降低癌症发病率等功效，是延年益寿的天然保健食品。庆元香菇以的独特风味成为宴席上的珍贵佳肴，以历史最早、产量最高、质量最好、市场最大而闻名遐迩。

从800多年前，吴三公发明人工栽培香菇"砍花法"开始，香菇人工栽培技术在庆元境内流传至今。庆元县范围内生产规模约7 500万棒，新品产量59 440吨，干品产量5 944吨。

推荐单位：庆元县农业局

联 系 人：王梦萍

联系电话：15268761018

云和黑木耳
Yun He Hei Mu Er

产地特征： 云和县地处浙江省南部山区，位于东经 119°21′~119°44′和北纬27°53′~28°19′，地表形态以山地丘陵为主。属中亚热带季风气候，年平均温度17.7℃，年平均雨量1 604毫米，温暖湿润，雨量充足，四季分明，空气质量优。山林植被覆盖率高，水系分布密集，地下水源丰富，水源均来自源头水，无工业等人为污染，纯净而清洁。境内土壤以红壤、黄壤为主，得天独厚的自然条件，使云和黑木耳质量名冠而不落。

产品特性： 主栽品种名为新科。肉质厚实，外形美观，色深耐泡，质地松脆，含钙、铁量高，富含丰富的维生素 B_1、维生素 B_2、胡萝卜素、烟酸等多种营养成分，有清肺益气、补血活血、镇气止痛等功效。该品种生产的云和黑木耳具有产量高、品质优；耳形好、出口耳比例高。

黑木耳种植在云和县有30多年的历史，种植面积2 800亩，产量1 500吨。全县年栽培代料黑木耳3 000万袋，产值1.3亿元；同时，黑木耳菌种技术优势，在云和形成菌种产业，年产销菌种4 000余万包。

推荐单位：云和县农业局

联 系 人： 吴岩课　　**联系电话：** 0578-5522023

建德里叶白莲
Jian De Li Ye Bai Lian

产地特征：建德市境内以低山丘陵地貌为主体，属亚热带北缘季风气候区，气候温暖湿润，四季分明，年平均气温16.9℃、平均积温6 180℃、日照时数平均为1 940小时、无霜期254天。新安江水电站的存在形成了建德地区独特的小气候，即7～9月莲子盛花期间昼夜温差大，平均达10℃以上，适宜莲子的种植。

产品特性：建德市白莲品种有近10个，里叶白莲具有色白、光亮、粒大、圆润、炖煮易熟、久煮不散、汤色清纯、香气浓郁、细腻可口，营养丰富，据检测里叶白莲含蛋白质17.1～18.5克/100克，黄酮含量丰富，总黄酮量达到了26.4～28.2毫克/100克；外形为圆形或卵圆形，色泽乳白略微黄，有光泽；里叶白莲烘干后，莲肉中含有丰富的芳香油，具有浓郁的清香。2013年通过农业部认证成为农产品地理标志。

据严州府志文字记载，南宋时严州府（即现在的建德市梅城镇）就将里叶白莲送进皇宫，被钦定为皇宫贡品，明朝时仍沿袭为贡品。2002年获浙江名牌产品，2002—2013年，连续十多年荣获浙江省农业博览会金奖。 建德市15个乡镇（街道）128个行政村种植里叶白莲，种植面积1.1万亩，产量达到660吨。

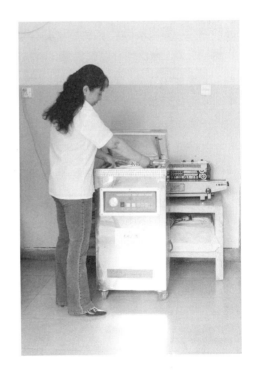

推荐单位：建德市农业局
联系人：柳红芳　　联系电话：0571-64091969

长兴吊瓜籽
Chang Xing Diao Gua Zi

产地特征： 长兴县属亚热带海洋性季风气候，光照充足、气候温和、降水充沛、四季分明、雨热同季、温光协调；长兴多山区，森林覆盖率达到46%，为山地丘陵红黄壤，有机质含量高；长兴环境优美，大气质量达到国家一级标准，水体质量极大部分在二类水体以上，水、气、土匀适宜培养优质吊瓜的生长。长兴吊瓜籽在2008年12月24日获得国家原产地域产品保护，保护范围为浙江省长兴县现辖行政区域，享有"中国吊瓜子(栝楼)之乡"的美誉。

产品特性： 吊瓜籽学名栝楼籽，

《本草纲目》载"籽炒用，补虚劳口干，润心肺，治手面皱"。现代医药学研究证实：吊瓜籽含不饱和脂肪酸16.8%，蛋白质5.46%，并含17种氨基酸，三萜皂苷，多种维生素以及钙、铁、锌、硒等16种微量元素。吊瓜子其味独特，清香，是集保健、休闲为一体的休闲食品。种植面积5 000亩，产量达1 000吨。

推荐单位：长兴县农业局

联系人：周兆宝　　联系电话：0572-6023935

武义宣莲
Wu Yi Xuan Lian

产地特征：武义宣莲主要产自武义县柳城镇、桃溪镇、西联乡等武义县南部山区。该区域土壤肥沃、雨量充沛。以生态旅游休闲农业为主导产业，生态环境良好，没有工业污染。

产品特性：武义宣莲主栽品种为本地宣莲农家品种，近年来引进建莲17、太空莲等新品种，丰富了武义宣莲的栽培品种。武义宣莲选用成熟饱满的新鲜莲子为原料，经过去皮、通心、烘焙三道主要工序，产品具有颗大粒圆、略带花香、酥而不烂，可以直接食用也可煮汤、煮稀饭、制作莲子羹等各类食品。

武义的宣莲与湖南湘潭的湘莲、福建建宁的建莲并列为中国三大名莲。始种于唐朝显庆年间（656—660年），清嘉庆六年（1802年）列为朝廷贡品。全县生产面积每年保持在3 000～4 000亩左右，年产量300～400吨。

推荐单位：武义县农业局

联 系 人：邓树青　　联系电话：13905895393

龙游志棠白莲

Long You Zhi Tang Bai Lian

产地特征： 龙游志棠白莲主产地位于龙游县横山、模环、石佛等乡镇。该区域整个地势以低山、丘陵为主，山林植被良好，森林覆盖率达52.2%，平均海拔为80米，平均气温为17.1℃，常年气候温和、光照充足、雨量充沛。由于当地受风灾影响较少，且日照时间较长，昼夜温差大，由此形成了独特的莲子生长小气候环境。

产品特性： 龙游志棠白莲主要种植品种有红花、白花两种。产品具有颗粒大、色泽白、肉质厚、洁白滚圆、香味浓郁、营养丰富、易于煮烂等特点而成为食品中的珍品，闻名遐迩，被誉为纯天然的高级营养滋补品。2010年3月，龙游志棠白莲获得国家地理标志证明商标。

目前，区域有莲子种植面积1.2万亩，产量720吨。

推荐单位：龙游县农业局

联 系 人：张文松　　联系电话：13600505138

丽水处州白莲

Li Shui Chu Zhou Bai Lian

产地特征：原产地范围限于浙江省丽水市莲都区，属中亚热带季风气候，全年降水量1 500毫米，年平均气温18.1℃，全年大于10度的年平均积温为5 600℃·d，无霜期240天。处州白莲主产地主要位于老竹镇、丽新乡，当地无工业污染，空气清新，水源清洁（为一级水源），土壤未被污染，非常适宜处州白莲的生产。

产品特性：处州白莲具有粒大而圆、饱满、色白、肉绵、味甘五大特点，为莲中之珍品，其性湿、味甘、有补中之益气、安心养神、活络润肺、延年益寿等功效，是名贵的药材和高级营养滋补品。据测定处州白莲每100克干物质含有蛋白质15.9%，脂肪2.8%，矿物质3.9%，碳水化合物70.1%，富含维生素C，能提高人体的

免疫力。莲子每100克含钙89毫克，含磷量可达285毫克，钾元素虽然不足2.1毫克，营养极其丰富。

在莲都种植白莲已有1 500多年的种植历史，早在八百年前的唐代，莲都（原丽水县）就有"莲城"之美誉。现种植面积3 000亩，产量达600吨。

推荐单位：莲都区农业局

联系人：李 艳　　　**联系电话：**0578-2113051

普陀水仙
Pu Tuo Shui Xian

产地特征：普陀水仙产于被誉为"海岛植物园"的桃花岛，山上植被资源丰富，花草林木种类繁多，土壤肥沃，野生水仙就是其中的一种名贵花卉。因此，桃花岛是普陀水仙的发源地和目前唯一的种植基地。

产品特性：普陀水仙是中国三大水仙名品之一，系水仙花的姣姣者，又美称为"观音水仙""凌波仙子"，是舟山市市花，历来被视作花中"神仙"。目前种植面积500亩，产量达54万球。

推荐单位：普陀区农林水利围垦局
联 系 人：王国群　　**联系电话**：0580-3805251

企业品牌

山之子乡村地瓜干
Shan Zhi Zi Xiang Cun Di Gua Gan

企业简介：杭州千岛湖山之子食品实业有限公司是浙江省农业科技企业，基地、加工厂曾多次通过无公害产地、产品认证及有机认证，拥有薯类、蜜饯、炒货、蔬菜干制品、方便食品五类产品的 QS 认证及生产线。"山之子"牌乡村地瓜干相继获得"浙江省名牌农产品、浙江省农博会金奖、第八届中国国际农产品交易会金奖"等荣誉。

产品特性："山之子"牌乡村地瓜干原料选用淳安大山深处高海拔、原生态环境下生产的甘薯。加工后的产品外观晶莹透亮、口感甜而不腻、甘甜 耐嚼、食不黏牙，富含植物纤维，最大限度保留了甘薯原有风味和营养价值，是居家旅行常备之健康食品。

生产单位：杭州千岛湖山之子食品实业有限公司 　**法人代表：**汪来进

联 系 人：汪来进　　**联系电话：**13805709219

溪口千层饼
Xi Kou Qian Ceng Bing

企业简介：蒋家龙门千层饼厂系蒋氏本家开设，在激烈的市场竞争中不断发展壮大。本厂建立自己的品牌，不断提高产品质量和服务水平，先后荣获五好经营户、市消费者信得过单位，从2003开始连续五年荣获中国浙江农博会金奖。 苔菜粉为原料，经蒸粉、制馅、造层、焙酥等十三道手工工序精制而成，有苔菜浓郁，甜中带咸，咸中带鲜，酥香松脆，层次分明，遇湿消融，食不黏牙等特点，令人食而不厌。

产品特性：千层饼用传统手工艺制作，选料讲究，以上等小麦面粉，精炼生油，脱壳芝麻，洁净焦糖以及象山港沿海优质的

生产单位：奉化市龙门千层饼厂　**法人代表：**蒋定军

联 系 人：蒋定军　　**联系电话：**13506696851

古镇香干
Gu Zhen Xiang Gan

企业简介：宁海天河食品有限公司是宁波市农业龙头企业，是宁海地区最大的豆制品生产企业。产品先后通过 ISO 9001：2000 质量管理体系认证以及 QS 和 HACCP 食品管理体系认证。2006—2009 年连续在浙江农业博览会上获得了金奖，2008 年"古镇"牌商标被认定为宁波市知名商标，2012 年被评为浙江名牌产品。

产品特性："古镇"牌香干以无公害大豆为原料，秉承传统配方，结合现代科学方法精制，香味独特，富含植物蛋白、脂肪、钙及其他营养物质，包装精美，实为休闲消遣、酬宾、宴客、馈赠亲朋之理想营养食品。

> **生产单位**：宁海天河食品有限公司　　**法人代表**：童湘锋
> **联 系 人**：童湘锋　　**联系电话**：13906845789

三雪汤圆
San Xue Tang Yuan

企业简介：宁波三雪食品有限公司是一家速冻面米加工为主的区级农业龙头企业，也是宁波市唯一一家出口速冻面米食品的企业，主要产品有宁波汤圆、桂花圆子、水饺、包点类等速冻产品。"宁波の汤圆"多次获得"宁波名牌产品"，"中国地方特产"和"省农博会金奖"等奖项。年产量 1 000 余吨，销售 1 200 余万。

产品特性：产品选用当年生产的优质糯米和黑芝麻，沿用宁波人的传统工艺，并结合现代科学技术，保留了独特的传统口味，具有香、甜、滑、糯的独特风味，素有"皮薄而滑，白如羊脂，油光发亮，糯而不黏"之绝称。

> **生产单位**：宁波三雪食品有限公司　　**法人代表**：汪超群
> **联 系 人**：金女士　　**联系电话**：0574-87663938

勤泰薏米
Qin Tai Yi Mi

企业简介：本公司创于1996年，现有固定员工40人，走"公司＋基地＋农户"的生产经营模式，推行订单种植收购。公司连续获得"信得过企业""农业龙头企业""十佳销售大户"等荣誉称号，并于2004年10月22日通过国家级GAP认证。

产品特性：薏米生长周期长，适合山区400～600米的海拔环境，无虫害、无污染。薏苡仁可入药，有利水、化湿、健脾、清热、抗病毒、抗癌、降低血压，长期食用可提高人体免疫

力，促使人体气血平和，是一种食药兼用的上等保健食品。

> **生产单位**：泰顺县龟湖薏仁米发展有限公司　　**法人代表**：苏为清
> **联 系 人**：苏为清　　**联系电话**：13706789853

五十丈粉干
Wu Shi Zhang Fen Gan

企业简介：平阳县海西农产品专业合作社位于南雁镇五十丈村，是一家集研发、生产、销售为一体的民间传统农产品合作社，以生产五十丈粉干为主，带动五十多户农民从事生产加工，为新农村建设"一村一品"示范合作社。

产品特性：五十丈粉干，作为平阳粉干最著名的品种，具有细、白、嫩等特点，煮之汤清不混，炒之口感柔嫩、爽滑，却又有嚼劲。由于当地独特的东北季风，选取特定的优质稻米和当地

的山泉水，采用祖传的手工艺，整个生产过程没有添加任何化学物质，造就了粉干独特的品质。

> **生产单位**：平阳县海西农产品专业合作社　　**法人代表**：黄招连
> **联 系 人**：黄招连　　**联系电话**：1836773963

丰味龙红薯粉
Feng Wei Long Hong Shu Fen

企业简介：浙江康丝汇食品有限公司（原文成县双龙食品有限公司）始创于2006年，公司自成立以来相继荣获"浙江省农业科技企业"、"温州市百龙龙头企业"、"温州市十佳农业龙头企业"等多项荣誉称号。

产品特性：丰味龙营养红薯粉原材料产自无公害农产品生产基地，采用传统制作工艺和现代生产技术相结合而成，是纯天然、无污染、安全放心的创新粉丝产品。产品口感劲道、爽滑、柔韧、清香，有珍品海鲜味、红烧牛肉味、劲辣牛肉味、酸辣牛肉味等四种不同口味，让人久吃不腻。

生产单位：浙江康丝汇食品有限公司　　**法人代表：**赵东群

联 系 人：赵东群　　**联系电话：**13868679766

诸老大粽子
Zhu Lao Da Zong Zi

企业简介：湖州诸老大实业股份有限公司是一家专业生产加工食品的民营企业，是一家以粽子为核心，集糕点、餐饮为一体的专业食品企业。销售地区覆盖长三角（江浙沪）并向北京、广东、湖北、湖南、四川、云南等21各省市地区延伸，年产值已达5 000万元。

百年秘制配方。诸老大独特的手工洗沙红豆沙和秘制五花肉配方是粽子行业独一无二的。正因为诸老大配方的独特和工艺的讲究，被誉为"粽子状元"。

产品特性：公司采用上好的东北有机糯米，细致蒸煮，香气宜人、颗粒饱满，品尝时有嚼劲。诸老大有着传承了百年的独家古法秘方工艺，

生产单位：湖州诸老大实业股份有限公司　　**法人代表：**褚刚毅

联 系 人：钱祥芳　　**联系电话：**18906727928

如意菜籽油
Ru Yi Cai Zi You

企业简介：浙江新市油脂股份有限公司目前是农业产业化国家重点龙头企业、国家农产品加工技术研发专业粮油加工分中心成员，全国"放心粮油示范加工企业、油菜籽加工量全国前位。如意"字号是浙江省知名老字号；"如意"牌菜籽食用油是绿色食品、浙江省名牌、浙江省名牌农产品、"如意"商标是浙江省著名商标。

产品特性："如意"牌系列压榨菜籽油、是靠物理的压力直接将油脂从原料中分离出来，提纯精制而成，保留了产品的原汁原味道、它是属于非转基因、无含胆固醇，不含黄曲霉素、是安全、营养与健康的食用油。

生产单位：浙江新市油脂股份有限公司　**法人代表**：张甲亮
联系人：孙惟佳　**联系电话**：0572—8448058

显圣大米
Xian Sheng Da Mi

企业简介：长兴县显圣稻米专业合作社是一家集农业技术推广、新品种引进试验示范、农副产品购销、农产品加工、农业技术培训一体化、服务专业化中介服务组织。稻米基地面积11 536亩，严格按照生产流程控制进行生产，产品质量与信誉优秀。合作社先后被评为浙江省优秀粮食合作社和浙江省示范合作社。

产品特性：产品干燥，无污染、无霉变、无杂质、外观美、品质优、口感好、营养丰富。连续六年获浙江农博会金奖，为浙江省名牌农产品、浙江名牌产品和浙江省著名商标。2005年被认定为绿色食品。2006年通过有机产品认证。

生产单位：长兴县显圣稻米专业合作社　**法人代表**：邱建琴
联系人：曹嵩　**联系电话**：13819299787

老恒和玫瑰米醋
Lao Heng He Mei Gui Mi Cu

企业简介：清咸丰年间"老元大酱园"创立（位于今湖州坛前街）；民国19年，取"恒以持之，和信为本"店训中"恒、和"二字，更名为"老恒和酱园"。老恒和拥有多个独门配方，掌握传统酿造工艺，形成了料酒、玫瑰米醋、酱油、玫瑰腐乳等产品系列。公司被评为农业产业化国家重点龙头企业，"老恒和"商标被评为浙江省著名商标和浙江省名牌产品。

产品特性：老恒和精选苏湖籼米，利用空气中天然菌种，落缸发花，不添加一点人工菌种，放水搅匀，使表面与空气接触，自然发酵。玫瑰米醋色泽艳丽、晶莹透澈、酸味绵长、鲜美可口，最适宜佐餐虾蟹，米醋中含有有机酸、氨基酸、微生物等营养成分。

生产单位：湖州老恒和酿造有限公司　　**法人代表：**陈卫忠
联系人：王超　　**联系电话：**0572-2281200

国芳粽子
Guo Fang Zong Zi

企业简介：湖州国芳食品有限公司创建于1908年，是生产绿色无公害的天然食品企业，是湖州市著名商标和名牌产品。目前，公司的生产新鲜散装粽子、真空粽子和速冻粽子。口味繁多，有鲜肉粽、豆沙粽、蛋黄肉粽、板栗肉粽、大肉粽、纯精肉粽、梅干菜五花肉粽、排骨粽、赤豆粽、蜜枣粽、咪咪粽等，是百姓信得过的优质企业。

产品特性：本产品绿色无公害，无任何添加剂，采用太湖糯米，香甜软糯。用料考究，口味独特，把关严格，其色、香、味、形各具特色。形态更似于我们日日而眠的"枕头"，故而称之为"枕头粽"。

生产单位：湖州国芳食品有限公司　　**法人代表：**陆土林
联系人：陆壹　　**联系电话：**18857266161

震远同茶食四珍
Zhen Yuan Tong Cha Shi Si Zhen

企业简介：湖州震远同食品有限公司生产 "茶食四珍" —玫瑰酥糖、牛皮糖、椒盐桃片、合桃糕。公司相继通过了 QS 生产许可证，ISO9000 质量管理体系和 HACCP 食品安全体系认证，荣获中华老字号、浙江省老字号、浙江省农业科技企业、浙江省著名商标等荣誉。

产品特性：震远同 "茶食四珍" 加工工艺完整地继承了独特的加工工艺。玫瑰酥糖具有 "香、细、甜、酥" 的特色。金钟牌椒盐桃片，素以 "片薄松脆，清香爽口" 的特色而驰名中外，金

钟牌牛皮糖具有韧而柔软，香味浓郁，食不黏牙，富有回味及不易变质等特点。

生产单位：湖州震远同食品有限公司　　**法人代表**：施荣华
联 系 人：王吉星　　**联系电话**：0572—2770108

华鑫康基地米
Hua Xin Kang Ji Di Mi

企业简介：浙江华金康工贸有限公司是一家集粮食生产、加工、贸易为一体的民营企业，2014 年被评为国家级农业产业化龙头企业。近年来，参与农业 "两区" 建设，培育现代农业经营主体，发展农业循环经济，着力建立粮食全程产业链，推进企业转型升级，显著提升了公司自身实力和对粮食生产的带动能力。

产品特性：华鑫康大米通过严格原粮把关，保障产品质量，减少稻谷加工过程中的营养流失。

从稻谷进仓至稻谷加工成大米，全程都由化验人员跟进，全项指标都符国家指标，做到做好粮，放心粮。大米晶莹剔透，色泽润玉，口感顺滑劲道，回味香甜。

生产单位：浙江华金康工贸有限公司
法人代表：张晓华
联 系 人：叶金云
联系电话：0572—3752799

新塍菜籽油
Xin Cheng Cai Zi You

企业简介：嘉兴市新塍油厂是浙江省农业科技企业，生产的"新塍"牌菜籽油已通过农业部绿色食品认证，是浙江省首家通过非转基因压榨菜籽油"QS"认证的生产厂家。"新塍"商标被认定为嘉兴市著名商标。"新塍"牌菜籽油先后荣获嘉兴市名牌产品、浙江名牌农产品等荣誉称号。

产品特性：嘉兴市新塍油厂生产种植基地适宜油菜种植，灌溉水水质清洁无污染，最主要是不使用转基因技术，是纯绿色双低油菜籽。本厂生产的"新塍"牌菜籽油色泽金黄，口味纯正，是真正的绿色、生态、富营养，有利健康的食用油。

生产单位：嘉兴市新塍油厂　　**法人代表**：沈掌荣
联 系 人：沈掌荣　　**联系电话**：13806733530

徐珍斋新塍月饼
Xu Zhen Zhai Xin Cheng Yue Bing

企业简介：嘉兴徐珍斋食品有限公司是一家民营生产性自营企业，秀洲区农业龙头企业。公司建立了符合国家 QS 质量安全要求的生产线，保证了产品的安全和质量。

产品特性：徐珍斋食品有限公司秉承500多年的新塍传统桂花糖糕、芝麻饼等，食品原料在当地农户家中指定供应，保证绿色健康、无污染、无公害。公司生产的所有传统美食均不添加任何添加剂，继续传承祖先流传下来的美食原味！

生产单位：嘉兴市徐珍斋食品有限公司　　**法人代表**：徐海珍
联 系 人：姚玉根　　**联系电话**：13905737219

五芳斋粽子
Wu Fang Zhai Zong Zi

企业简介："五芳斋"创始于1921年，是国家首批"中华老字号"。目前已成为全国最大的粽子产销商，2004年被国家工商总局认定为"中国驰名商标"，并荣获"农业产业化国家重点龙头企业"、"全国主食加工示范企业"、"全国餐饮百强企业"等荣誉，同时"五芳斋粽子制作技艺"也被列入国家级非物质文化遗产保护名录。

产品特性：五芳斋粽子传承了"嘉湖细点"之精髓，产品主要原材料采取自控模式，并经36道工序制作而成，以肉粽为例，其"糯而不糊、肥而不腻、肉嫩味香、咸甜适中"，特点显著，成为江南粽子的典型代表。

生产单位：浙江五芳斋实业股份有限公司　　**法人代表：**厉建平
联 系 人：徐　炜　　**联系电话：**0573-82066852

崧厦霉千张
Song Xia Mei Qian Zhang

企业简介：绍兴市崧厦传统食品有限公司是上虞市首届领审食品生产许可证的豆制品加工企业。产品通过无公害产品认证获得绿色食品证书，"崧厦"品牌获得浙江省著名商标、绍兴名牌、浙江省优质放心食品等荣誉称号。

产品特性："崧厦"豆制品依托本地的省级黄豆生产基地、省级产盐区，采用苋菜梗等大量绿色无污染生产原料，经纯手工制作的16道生产流程，配套现代包装技术，生产出的产品无污染，安全性高，拥有"传统风味、时尚口感"。

生产单位：绍兴市崧厦传统食品有限公司　　**法人代表：**钟文江
联 系 人：汪玖根　　**联系电话：**13626886816

太雕酒
Tai Diao Jiu

企业简介： 绍兴市咸亨酒店食品有限公司是全国农副产品加工中型企业、浙江省农副产品加工龙头企业、浙江省农业科技企业、绍兴市重点农业龙头企业。"太雕酒"商标被是中国驰名商标。太雕酒系列产品获"浙江农业博览会金奖产品"等荣誉称号。

产品特性： 太雕酒以上等白糯米和优质黄皮小麦为原料，配以得天独厚的鉴湖水，传承绍兴民间拼酒之技术，经酒药、麦曲中的微生物糖化发酵酿造而成，具有香、柔、绵、净之特点。浅酌之下，甘醇满溢，酒质细密，如嚼香饴，饮后使人回味无穷。

生产单位： 绍兴市咸亨酒店食品有限公司　　**法人代表：** 宋　平
联 系 人： 金慧云　　**联系电话：** 0575-88242071

祝家庄水磨年糕
Zhu Jia Zhuang Shui Mo Nian Gao

企业简介： 上虞市祝家庄绿色食品有限公司地处上虞城南4千米，公司专业生产水磨年糕。公司已于2007年12月始获 QS 认证，产品已销往苏浙沪地区并被销费者转带送至北京、广东等全国各地。

产品特性： "祝家庄"牌水磨年糕不含任何添加剂，原料由大米及水构成，选用优质晚粳大米，韧而不硬，柔而不黏，口味独特，块形整齐，具有滑柔、细腻、晰白，口感软滑、不黏糊、不碜牙和光洁如玉的特点。年糕做工考究——两半成块、廿块成封，外观精致别具一格。

生产单位： 上虞市祝家庄绿色食品有限公司
法人代表： 唐建忠
联 系 人： 唐建忠
联系电话： 13806760639

胡姥姥豆腐皮
Hu Lao Lao Dou Fu Pi

企业简介： 永康市姥姥豆制品有限公司是浙江省农业科技企业、金华市民营科技企业和金华市农业龙头企业，金华市知名商号企业。"胡姥姥"牌系列豆腐皮连续6年被评为浙江省农业博览会金奖，金华·华东农交会优质产品金奖，金华市名牌产品，浙江省名牌农产品等荣誉称号，"胡姥姥"商标被认定为金华市著名商标。

产品特性： "胡姥姥"牌豆腐皮，原料"大豆"选用非转基因无公害大豆，产品具有色泽金黄、嫩滑可口，皮薄有韧性，落水不糊，不含任何防腐剂等特点。含丰富的植物蛋白质、碳水化合物、钙、铁、磷、维生素等人体所需的多种氨基酸和微量元素，属纯天然放心食品。

生产单位： 永康市姥姥豆制品有限公司　　**法人代表：** 胡振杰

联 系 人： 程炳玲　　**联系电话：** 13967912923

老口味芝麻糖
Lao Kou Wei Zhi Ma Tang

企业简介： 兰溪市老口味食品厂主要生产兰溪地方传统产品——芝麻糖。同时结合当地多沙丘旱地的特点，发动村民种植芝麻，并于2008年7月成立老口味芝麻专业合作社，带动农户在6 000多户。实际种植面积达到12 000多亩。年产值达到1 900多万元。成为企业生产＋基地＋合作社为模式的新型农产品再加工型企业。

产品特性： "老口味"牌芝麻条既传承芝麻糖"酥脆香甜，风味独特，入口即化"的文化，又体现了现代休闲食品的特色。以本地油麻为主要原料，配以饴糖，蜂蜜，白糖等，进行精心制作，不加任何添加剂，真正做到"没牙也可以吃"的境界。

生产单位： 兰溪市老口味食品厂

法人代表： 宁永红

联 系 人： 宁永红

联系电话： 13373829351

赏梅梅江烧酒
Shang Mei Mei Jiang Shao Jiu

企业简介： 兰溪市梅江烧酒厂是兰溪市农业龙头企业和金华市农业龙头企业，"赏梅"注册商标连续十多年认定为"金华市著名商标"。企业重视产品的研发，使传统的生产工艺与现代技术有机结合，现有高粱酒、荞麦酒、杨梅烧和桑果酒四大系列产品。

产品特性： "赏梅"牌梅江烧荞麦酒是以野生苦荞麦为原料，经梅江传统工艺和古老中药配方精酿而成，具有酒质纯净、甘味醇香的特有风味，天香自然、营养丰富、风味独特，饮用此酒不上头、不口干，产品多次荣获浙江农业博览会金奖。

　　生产单位：兰溪市梅江烧酒厂　　法人代表：汪海洋
　　联 系 人：汪海洋　　联系电话：13858991999

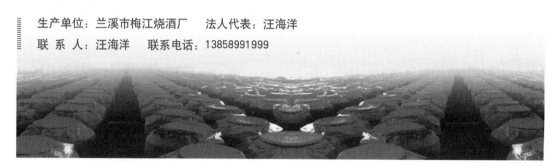

五谷泰丰豆腐干
Wu Gu Tai Feng Dou Fu Gan

企业简介： 公司创建于1996年，是金华市诚信民营企业、资信等级为 AAA 级。拥有标准厂房4 000多平方米，配有气流干燥设备、豆干生产线、豆腐锅巴生产线、豆之饼生产线、微波杀菌车间、筛选车间、多功能包装车间和产品检测检验室等农产品加工设备设施。公司主要产品有：泰丰豆干、豆腐锅巴、豆之饼等。"传承、创新、品质、安全"是公司经营宗旨和服务理念。

产品特性： "五谷泰丰"牌香菇豆干、玉竹豆干选用优质黄豆、香菇及磐安道地药材"玉竹"和其他佐料精制而成，是名副其实的休闲养生食品。

　　生产单位：浙江省磐安县泰丰农特产有限公司　　法人代表：程柏青
　　联 系 人：程柏青　　联系电话：13706790267

一枝秀有机米

Yi Zhi Xiu You Ji Mi

企业简介：金华一枝秀米业有限公司是浙江省农业科技企业和浙江省农业龙头企业。2002 年至今，基地、加工厂已连续多年通过 COFCC 和 OFDC 有机认证，是浙江省首家通过有机米加工认证的生产厂家。"一枝秀"商标被认定为浙江省著名商标。"一枝秀"牌系列大米分别获"浙江名牌产品、浙江十大品牌大米、浙江名牌农产品"等荣誉称号。

产品特性："一枝秀"牌有机米原料选用来自有机水稻生产基地，不使用转基因技术，绿色无污染，无农药及重金属污染。是纯天然、无污染，安全性高的农产品。产品无论其外观、口感、口味及营养元素，堪称上乘，用其煮粥别具一格。

生产单位：金华一枝秀米业有限公司　　**法人代表**：丰兆平

联 系 人：丰兆平　　**联系电话**：13967483089

宜糖米

Yi Tang Mi

企业简介：金华和谐粮食专业合作社种植基地四周环山，土壤肥沃，气候适宜，是金华市的重点产粮区和粮食功能区。合作社尊崇"踏实、拼搏、责任的企业精神，并以诚信、共赢开创经营理念，以全新的管理模式，完善的技术，周到的服务去打动客户。

产品特性：宜糖米富含抗性淀粉，形成了特殊的淀粉结构，能起到有效延缓葡萄糖的释放与吸收，具有显著改善糖尿病人的生活质量，增强体质，防止和延缓并发症的发生与发展的作用。是预防各种慢性代谢病的理想主食。

生产单位：金华和谐粮食专业合作社　　**法人代表**：白金荣

联 系 人：白金荣　　**联系电话**：13335919588

盘溪手工面
Pan Xi Shou Gong Mian

企业简介： 浦江县盘溪手工面专业合作社位于浦江北部山区檀溪镇潘周家村，建有生产车间，检验车间，包装车间，化验室，原料、成品仓库等一条龙生产线。目前共有600户参与加工，2014年加工手工面实现产值1 000多万元。

产品特性： "盘溪"牌手工面又称"长寿面"，以长，细嫩，润滑面名闻遐迩，沿用传统手工工艺，采用优质面粉、精盐、纯净水、植物油为原料，结合现代科学、卫生的加工方法，纯手工制作而成。具有柔软滑润、嚼不黏齿等特点，长期食用有养胃健脾之功效，是走亲访友、老人生日做寿食用的首选面食。

生产单位： 浦江县盘溪手工面专业合作社　　**法人代表：** 陈玉仙

联 系 人： 陈玉仙　　**联系电话：** 13646597263

义宝大米
Yi Bao Da Mi

企业简介： 义乌市义宝农庄为金华市级农业龙头企业，注册有"义宝"商标。2002年开始与中国水稻研究所合作，开发富硒大米；2003年开始在吉林建立优质稻米生产基地；2004年在本地建成了稻米加工厂和配套仓库，2006年东北基地生产的稻米通过有机食品认证。

产品特性： 义宝大米选用甬优15号种子，其表现为穗大粒多、千粒重高、产量高、米质优，蒸煮出来的米饭口感柔软、黏性适中、适口性好。

生产单位： 义乌市义宝农庄　　**法人代表：** 冯泽宝

联 系 人： 冯泽宝　　**联系电话：** 13957949981

梁氏大米
Liang Shi Da Mi

企业简介： 衢州市航埠粮油有限公司是以粮食收购、加工、销售一条龙服务为主的工贸企业，2006年被评为浙江省AAA级守合同、重信用单位，2009年被评为浙江省诚信民营企业，2010年被国家粮食局、中国农业发展银行审定为重点支持粮油产业化龙头企业，2013年被衢州市政府评为百强农业龙头企业。2009年"梁氏"牌大米被评为浙江省著名商标。

产品特性： "梁氏"牌系列大米以绿色无污染的南方水稻为原料，经现代工艺加工而成，具有香软可口、晶莹透明、营养均衡等特点，是纯天然、安全性高的农产品，是现代人主食的理想选择。

生产单位： 衢州市航埠粮油有限公司　　**法人代表：** 梁宗福
联 系 人： 梁宗福　　**联系电话：** 13505707683

沙洋晒生
Sha Yang Shai Sheng

企业简介： 岱山县兴丰沙洋花生专业合作社由33名花生种植户集资成立，注册资金10万。合作社主营沙洋晒生的包装销售，同时对花生种植、加工、收购实行"四统一"，成功获评2014年"国家农民合作社示范社"奖。

产品特性： 岱东沙洋晒生产于省级风景名胜区鹿栏晴沙，采用祖传秘方配置晒干而成，系花生

中精品，有近百年历史，是岱山三宝之一。花生颗粒饱满，美味可口，不含添加剂，营养价值高，携带方便，是招待和馈赠亲朋好友的佳品，也是一种很好的休闲食品。

生产单位： 岱山县兴丰沙洋花生专业合作社　　**法人代表：** 张安芳
联 系 人： 张安芳　　**联系电话：** 13868202338

蓬硒富硒稻米
Peng Xi Fu Xi Dao Mi

企业简介： 台州市路桥区跃勇水稻专业合作社成立于2004年12月，是一家专业生产富硒稻米的合作社，被评为"浙江省示范性专业合作社"、"台州市级规模型专业合作社"，社长王耀勇被农业部评为"全国优秀粮食生产大户"，被省人民政府评为"浙江省优秀粮食生产大户"。

产品特性： "蓬硒"牌富硒大米通过无公害农产品认证和QS认证。"硒"是人体必需的14种微量元素之一，经农业部稻米及制品质量监督质量测试中心检验，质量可靠，具有较高的营养与保健价值。

生产单位：台州市路桥区跃勇水稻专业合作社　法人代表：王耀勇
联 系 人：王耀勇　联系电话：13706566628

御清斋修缘蒸糕
Yu Qing Zhai Xiu Yuan Zheng Gao

企业简介： 台州御清斋食品有限公司，前身创建于1931年，2011年被评为"中国小吃名店"。"修缘蒸糕"系列产品已通过QS认证，并获得"中华老字号百年名点"和"中国名点"荣誉称号。

产品特性： 修缘蒸糕使用传统配料，严格遵循传统手工制作工艺，用料考究、制作精良，同时引进国际先进的保鲜技术，保持了产品的香、软、糯、韧特点。修缘蒸糕采用鸡蛋、白糖、糯米粉制作，成品全身金黄，未使用添加剂和装饰点缀，外观简单大方。

生产单位：台州御清斋食品有限公司　法人代表：许自成
联 系 人：王朝辉　联系电话：0576-83988608　13958501961

杜枫山有机大米

\ Du Feng Shan You Ji Da Mi

企业简介：仙居县新合农场于2013年1月成立，注册资金120万元，现有股东132个，经营面积1 500亩，是以各种农作物、水果、林木种植销售，农畜产品销售、水产养殖、农产品初加工、农业技术推广服务、农业观光为经营范围的股份制农场。

产品特性：精选仙居山区绿色有机无污染优质稻种天丝香以及与浙江大学合作研究的邦稻品种，采用天然有机栽种，富含钙、锌、硒、维生素E和多种微量元素，营养全面均衡。米粒洁白清亮、晶莹剔透，口感滑润细腻，成饭绵软宜口，清淡略甜，香气沁人，堪称"米中精品"。

生产单位：仙居县新合农场　　**法人代表：**俞忠炉
联 系 人：俞荣火　　**联系电话：**13173793961

得乐康米糠油

\ De Le Kang Mi Kang You

企业简介：浙江得乐康食品股份有限公司主要从事米糠油及其综合利用的产品生产，是国内米糠油综合利用品种

最多和规模最大的企业，是国家高新技术企业、浙江省绿色企业、台州市优秀农业龙头企业。"得乐康"商标被认定为浙江省著名商标。

产品特性："得乐康"牌米糠油原料选用来自有机水稻生产基地，不使用转基因技术，绿色无污染，具备五大特性优点：天然脂肪酸黄金配比组成；天然谷物营养多；天然抗氧化；热稳定性好；油烟少、口感好，去杂彻底。

生产单位：浙江得乐康食品股份有限公司　　**法人代表：**童舜火
联 系 人：陈贵华　　**联系电话：**0576-87012157

东洲岛绿芦笋
Dong Zhou Dao Lv Lu Sun

企业简介： 富阳东洲芦笋专业合作社是国家级示范性农民专业合作社，全省供销系统百强农民专业合作社。2012年芦笋基地通过GAP认证，2013年成为出口蔬菜基地，2009年"东洲岛"绿芦笋品牌成为中国绿色食品。2013年认定为浙江省著名商标、2014年在浙江省精品果蔬展销会上获得金奖。目前是浙江省芦笋主要出口基地。

产品特性： "东洲岛"芦笋含有人体必需的18种氨基酸，多种维生素和碳水化合物，其香脆可口，风味具佳。"东洲岛"绿芦笋由于特殊的生长地理环境和独特的栽培方法，所生长的芦笋嫩茎、翠绿、光亮、大小均匀、笋尖饱满、香脆鲜嫩、纤维含量低，成品率高。

生产单位： 富阳东洲芦笋专业合作社　　**法人代表：** 朱维华
联系人： 朱维华　　**联系电话：** 13819469958

舒兰网纱叶菜
Shu Lan Wang Sha Ye Cai

企业简介： 杭州萧山舒兰农业有限公司是一家以绿色蔬菜生产、保鲜、加工、配送产业化为特

征的杭州市农业龙头企业。"尚舒兰"商标被评为浙江省著名商标，"尚舒兰"生鲜蔬菜被认定为浙江省名牌产品，并多次荣获浙江省农博会"金奖"。基地被列入全国设施农业装备与技术示范单位、全国绿色食品示范企业。

产品特性： 尚舒兰牌网纱叶菜实施标准化的管理技术措施，从产品采收、包装、运输、贮藏等各个环节都严格按照"GAP良好农业规范"相关条例执行。尚舒兰牌网纱叶菜不但外观漂亮、鲜嫩，而且口感上乘，品质一流。

生产单位： 杭州萧山舒兰农业有限公司　　**法人代表：** 尚舒兰
联系人： 朱奇云　　**联系电话：** 13588254995

佳惠芦笋
Jia Hui Lu Sun

企业简介：杭州佳惠农业开发有限公司是国家高新技术企业、浙江省农业标准化推广示范基地、浙江省农业科技企业和杭州市农业龙头企业。公司建有浙江省农业企业科技研发中心。"佳惠"牌商标为浙江省著名商标。"佳惠"芦笋为浙江省名牌产品，连续多年荣获浙江省农博会金奖，获得国家绿色食品认证、无公害农产品。

产品特性："佳惠"芦笋是纯天然、绿色无污染、安全性高的农产品。产品色泽翠绿、鳞茎紧密、茎粗均匀、口感佳；以嫩茎食用，质地鲜嫩，风味鲜美，柔嫩可口，能增进食欲，帮助消化。芦笋营养价值极高，有"蔬菜之王"的美称。

生产单位：杭州佳惠农业开发有限公司　　法人代表：施建军

联 系 人：漆慧娟　　联系电话：13575476343

秋梅倒笃菜
Qiu Mei Dao Du Cai

企业简介：浙江秋梅食品有限公司是全国农产品加工业示范企业、全国巾帼现代农业科技产业基地、浙江省级骨干农业龙头企业。"秋梅"商标被认定为中国驰名商标，"秋梅"牌倒笃菜荣获浙江名牌产品等殊荣，并连续十年荣获浙江省农业博览会金奖。

产品特性：秋梅倒笃菜原料种植基地选择浙西山区丘陵地带的冬季闲置农田，以千岛湖水域作为灌溉水源，生产工艺采用千年古法精髓——倒笃方法，倒立静止发酵90天以上而成。产品醇香脆嫩、味道鲜美，不需添加任何防腐剂，可长期保鲜不变质，是原生态天然健康食品。

生产单位：浙江秋梅食品有限公司　　法人代表：潘秋梅

联 系 人：余国英　　联系电话：18057175066

七禾有机蔬菜
Qi He You Ji Shu Cai

企业简介：宁波市七禾有机农业开发有限公司是宁波首家集规模种植、科研生产、网络销售、宅配服务为一体的数字化有机农业开发公司，同时也是宁波市农业龙头企业，也是宁波市首家获得有机认证证书企业。公司目前有1 600亩生产基地，2013年产量1 000吨，年销售额1 043.51万，占市内同类有机产品的比例为50%。

产品特性：公司采用数字化农场管理系统，实行"从农田到餐桌"的全过程可追溯管理，从源头抓起，保证水体、土壤、空气等各种环境要素达到有机食品的生产标准，产品质量可靠，信息透明。

生产单位：七禾有机农业开发有限公司　　**法人代表：**夏红芳
联 系 人：闻绍宝　　**联系电话：**13857887248

五龙潭豆芽
Wu Long Tan Dou Ya

企业简介：宁波五龙潭芽菜有限公司是国内首家工厂化豆芽生产企业，先后被认定为全国100家大型农产品流通企业、全国商务系统先进集体、浙江省诚信示范企业和宁波市优秀农业龙头企业等。"新潮"牌商标被认定为浙江省著名商标，连续几年被浙江省农博会认定为"金奖"产品。

产品特性：五龙潭豆芽因其独特的孵化方式，优质的水源，口味上佳，好烹饪，又好消化，营养成分不易流失，是真正意义上的绿色、环保、安全的"放心豆芽"。豆芽味甘、凉、无毒，经常食用可清热解毒，利尿除湿，有抗疲劳作用。

生产单位：宁波五龙潭芽菜有限公司
法人代表：陶礼明
联 系 人：李国安
联系电话：0574－88047919

乡亲浓脱水菜芯
Xiang Qin Nong Tuo Shui Cai Xin

企业简介： 公司是一家股份合作制企业，为民政福利企业，占地面积18 660平方米。公司已通过绿色食品和无公害农产品认证，先后被认定为市级农业龙头企业，AAA级守合同重信用企业，浙江省著名商标。

产品特性： 脱水菜芯是采用精选过的鲜嫩的油菜芯，经过先进的干燥工艺精制而成。产品色泽自然，清香纯正，鲜嫩爽口，不含任何防腐剂，含有丰富的维生素，且复水性好，存放使用方便，可凉拌、热炒、制汤。

生产单位： 宁波乡亲浓食品有限公司　　**法人代表：** 蒋善富

联 系 人： 蒋坚科　　**联系电话：** 13806657505

山联芦笋
Shan Lian Lu Sun

企业简介： 象山县三联农业科技有限公司，成立于2009年10月，是一家专业从种植、加工、销售、科研、观光于一体的现代农业企业，系浙江省级林业龙头企业、宁波市农业龙头企业、宁波市农业标准化示范区、宁波市现代农业精品园和宁波市菜篮子基地。

产品特性： 品种为我国自主培育的高产优质品种2000-3F_1代芦笋种子，一年两季采收，大棚芦笋产量可达500千克左右。芦笋质地鲜嫩，风味鲜美可口，能增进食欲，帮助消化，含有特有的天门冬酰胺、丰富的蛋白质、维生素、矿物质和人体所需的微量元素，因此长期食用有益脾胃，对高血压、疲劳症、水肿、肥胖等病症有一定的疗效。

生产单位： 象山县三联农业科技有限公司　　**法人代表：** 叶良敏

联 系 人： 叶良敏　　**联系电话：** 0574 — 65087938

山农卷心泡菜
Shan Nong Juan Xin Pao Cai

制蔬菜及粗粮饮品加工。企业先后被评为温州市百龙工程农业龙头企业、浙江省农业科技型企业、浙江省农产品加工示范企业等。产品获评为浙江省名牌农产品、浙江省知名商号。

产品特性： 产品采用分批发酵技术，经纯菌接种发酵低盐腌制加工等工艺后成为成品，亚硝酸盐含量是传统泡菜的1/15，乳酸菌含量最高能达到相同重量乳酸奶的四倍，常吃泡菜可补充人体所必须的乳酸菌。

企业简介： 山农股份有限公司成立于2004年，是一家集科研、生产、销售和服务为一体的省级骨干农业龙头企业，主要从事乳酸菌发酵低盐腌

生产单位： 山农股份有限公司　　**法人代表：** 叶周松
联系人： 叶周松　　**联系电话：** 0577-86311111

绿鹿雪菜
Lv Lu Xue Cai

企业简介： 浙江绿鹿食品有限公司是浙江省农业龙头企业和出口农产品生产企业。本公司产品除内销外，一直大量出口欧盟、美国、加拿大等国家和地区。"绿鹿"品牌多次获得中国（温州）农业博览会"金奖"荣誉称号。

产品特性： 绿鹿雪菜的原料来自我公司的出口备案蔬菜基地，不使用转基因技术，严格科学用药与施肥，每年采收季对蔬菜原料进行符合欧盟标准的196项农药残留检测和重金属污染物检测。

"绿鹿雪菜"产品采用温州传统的腌制、调味工艺，产品爽脆清香，咸甜适口，具有浓郁的温州风味。

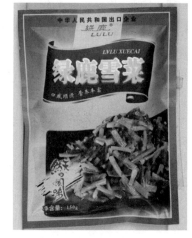

生产单位： 浙江绿鹿食品有限公司　　**法人代表：** 廖仁富
联系人： 廖忠克　　**联系电话：** 0577-86155561

荆谷白银豆
Jing Gu Bai Yin Dou

企业简介：瑞安市荆谷白银豆合作社，成立于2002年12月，合作社主要种植、销售"金谷山"牌无公害优质白银豆、玉米等31类农产品。白银豆种植面积5 500多亩，年产量8 000多吨，产值5 000多万元。2012年被评为浙江省著名商标。

产品特性：豆粒肾形扁平，其性温平，食用味鲜，口感独特，绿色无污染，是浙南名菜。白银豆营养价值高，含人体必需氨基酸14种，具有补肾、益脾、清肺、养胃、利肝胆、降血糖、解酒毒等功能，常食白银豆可明目、黑发、延年益寿！

| 生产单位：荆谷白银豆专业合作社 | 法人代表：蔡庆贤 |
| 联 系 人：蔡庆贤 | 联系电话：13567751677 |

强绿番茄
Qiang Lv Fan Qie

企业简介：瑞安市梅屿蔬菜专业合作社是浙江省优秀示范性农民专业合作社。2001年至今，基地通过无公害农产品基地认证，"强绿"商标被认定为浙江省著名商标。"强绿"牌番茄获"温州市知名商品、浙江名牌农产品"等荣誉称号。

产品特性："强绿"牌番茄来自无公害农产品生产基地，统一采用番茄全程标准化生产技术进行栽培，是绿色无污染的农产品。产品肉厚多汁，味道甘甜爽口，可做凉菜、沙拉，也可与鸡蛋、肉片等同炒或做汤，堪称"蔬菜中的水果"。

生产单位：浙江天遥农业开发股份有限公司
法人代表：洪邦钱
联 系 人：洪邦钱
联系电话：13868303688

亨哈花菜干
Heng Ha Hua Cai Gan

企业简介:文成县亨哈山珍食品有限公司创建于1994年10月,是一家集农副产品研发、加工、销售于一体的特色农业产业化国家级扶贫龙头企业。产品分蔬菜脱水、淀粉制品、即食包装、食用菌四大类,脱水蔬菜具备自营出口权。2012年实现销售收入1.7亿元,完成利税1051万元。

产品特性:亨哈公司生产的花菜干由花菜脱水而成,原料来自于海拔600~800米高山地带,该地生产的花菜个大、色泽白、无公害、口感好、营养特别丰富,更是具有爽喉、开音、止咳、润肺等药用功效。

生产单位:浙江双凤食品有限公司 **法人代表:**王金凤
联系人:王金凤 **联系电话:**13868695889

绿叶有机蔬菜
Lv Ye You Ji Shu Cai

企业简介:浙江绿叶生态农业发展有限公司是一家集有机农产品产销、有机生态农庄开发、农业观光、乡村度假旅游开发为一体的新型生态农业科技企业。公司是商务部"双百市场工程"示范企业、湖州市重点农业龙头企业、浙江省农业科技型企业。

产品特性:"绿叶"有机蔬菜种植过程严格按照有机农业生产标准,在生产中不使用化学合成的农药、化肥、激素等物质,不采用转基因生物及其产物。我们的理念:正如我们的商标"绿叶":自然、健康与绿活。让作物自然生长,让我们吃出健康。

生产单位:浙江绿叶生态农业发展有限公司 **法人代表:**潘建方
联系人:褚国平 **联系电话:**18057222605

尚品源芦笋

Shang Pin Yuan Lu Sun

企业简介：嘉善尚品农业科技有限公司是一家集农业技术研发、农产品生产、收购、加工、销售、配送、应用示范于一体的市级农业龙头企业。公司配套设立农残检测中心、农产品追溯系统，实现农产品流向可跟踪、质量可追溯，出现问题可追究。公司基地列为农业部标准蔬菜园，省级农产品产地准出规范化管理示范区、蔬菜病虫害省级绿色防控示范区。

产品特性：尚品源芦笋选用美国最新一代的芦笋良种，利用微生物技术进行本土化适应性培训、种植及推广，产品味道鲜美，清爽可口，增进食欲，帮助消化，相继获得绿色农产品、嘉兴名牌产品、省农博会金奖等称号。

生产单位：嘉善尚品农业科技有限公司   **法人代表**：孙　军

联 系 人：孙　军   **联系电话**：13506839338

南湖脱水蔬菜

Nan Hu Tuo Shui Shu Cai

企业简介：浙江万好食品有限公司是一家专注于脱水蔬菜及速冻蔬菜领域，集研发、种植、加工、销售、服务于一体的综合型省级骨干农业龙头企业。公司一直坚持以"健康膳食、品质为先"为质量方针，以"系统监督、全程控制"为管控手段，各个环节都建立了严格的生产控制与质量体验体系，使公司所生产的系列蔬菜成为真正的放心食品。

产品特性：南湖脱水蔬菜用创新和突破来简化烹饪方法，用快捷、便利、营养的理念来迎合现在节奏，满足大众需求，汲取船菜文化之精髓，精选新鲜优质蔬菜，运用现在工艺，使用先进设备，满足了现在厨房烹饪之方便、快捷、美味的需求！

生产单位：浙江万好食品有限公司   **法人代表**：马春峰

联 系 人：张建龙   **联系电话**：13615730960

斜桥榨菜
Xie Qiao Zha Cai

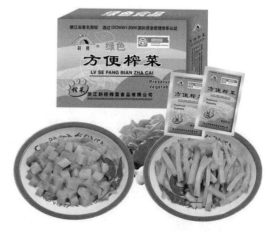

企业简介： 浙江斜桥榨菜食品有限公司是"浙江老字号"品牌企业和嘉兴市农业龙头企业。企业在1982年公司率先开发了脍炙人口的小包装榨菜，成为了全国第一家生产小包装榨菜的企业。企业产品已连续多年通过绿色食品认证，"斜桥"商标连续七次被认定为浙江省著名商标。

产品特性： "斜桥"牌榨菜，以菜丝均匀，肉地厚实，香味纯正，清洁卫生，色泽鲜艳，味鲜而辣，生吃脆、嫩爽口，煮汤热炒久煮不烂，别具"斜桥榨菜"风味特色，深受广大消费者的好评和青睐。产品畅销上海、福建、江苏、浙江等国内大市场，以及新加坡、马来西亚、日本、中国香港和澳门等国家和地区。

生产单位： 浙江斜桥榨菜食品有限公司　　**法人代表：** 封益生
联 系 人： 封益生　　**联系电话：** 13586438763

董家茭白
Dong Jia Jiao Bai

企业简介： 桐乡市董家茭白专业合作社为省级示范性农民专业合作社，注册"董家"牌商标，产品通过了无公害农产品、绿色食品认证，并于2010年5月成功进入上海世博会，董家茭白市场知名度和占有率逐步提高，销售市场逐年扩大，2014年销售额2 270万元。

产品特性： 茭白于1 000多年前就已与鲈鱼、莼菜并列为江南三大名菜，陆游也以"秋茭生水白如玉"的诗句赞美茭白。"董家"牌茭白营养丰富，茭肉洁白，口感鲜嫩，切丝、切块、切片蒸、煮、炒、拌俱佳，又能与各种荤素菜肴搭配，是一种"全能"型蔬菜品种。

生产单位： 桐乡市董家茭白专业合作社　　**法人代表：** 张永根
联 系 人： 张永根　　**联系电话：** 13586438763

三统榨菜
San Tong Zha Cai

企业简介：浙江三统菜业有限公司位于绍兴滨海新城沥海镇，创办于2004年8月，已通过ISO 9000认证和QS认证验收，是"绍兴市农业龙头企业"公司。注册商标为"三统"，是绍兴市著名商标。

产品特性：公司主要产品有"三统"牌袋装榨菜，不使用转基因技术，不使用化学合成农药、化肥，绿色无污染，无农药及重金属污染，是纯天然、无污染、安全性高的农产品。产品风味独特，鲜嫩可口，色香味美，营养丰富，深受海内外消费者的欢迎。

生产单位：浙江三统菜业有限公司　　**法人代表：**陈登高
联 系 人：陈登高　　**联系电话：**13989585222

嵊玉茭白
Sheng Yu Jiao Bai

企业简介：嵊州市鹿山街道江夏茭白产销专业合作社是省级示范性农民专业合作社。2004年以来，基地已连续多年通过绿色食品、无公害农产品认证。"嵊玉"牌茭白多次获浙江省农博会优质产品金奖等荣誉称号。

产品特性："嵊玉"牌茭白产自绿色、无公害茭白生产基地，不使用转基因技术，施用有机肥作基肥，控制化肥用量，科学防治病虫害，是无污染、安全性高的农产品。茭白肉质纺锤形，在生理成熟前白嫩，粗纤维含量少，味道美，是一种营养价值很高的水生蔬菜。

生产单位：嵊州市鹿山街道江夏茭白产销专业合作社　　**法人代表：**汪江宁
联 系 人：汪江宁　　**联系电话：**13758533882

康天乐夏芹
Kang Tian Le Xia Qin

企业简介：金华市康乐蔬菜专业合作社是专业从事蔬菜生产和销售的专业合作社，金于夏芹种植面积达5 500亩，年产量13 750吨，金于夏芹于1997年由金东区经济特产站牵头根据品种优势杂交选育而成，于2007年2月通过浙江省非主要农作物品种认定委员会认定，项目获2008年度浙江省农业厅技术进步二等奖。

产品特性：金于夏芹叶色绿色，叶柄淡绿色，心叶黄绿色。叶柄粗壮、内空腔较小、根系发达，生长势强。质地脆嫩，口感松脆、纤维少，香气浓郁，商品性极佳。

生产单位：金华市康乐蔬菜专业合作社　　法人代表：黄建东
联 系 人：黄建东　　联系电话：13173844123

秀地黄秋葵
Xiu Di Huang Qiu Kui

企业简介：江山市秀地果蔬专业合作社成立于2008年，是一家专业从事黄秋葵生产、种植、加工与销售为一体的科技型合作社。2014年"秀地"牌黄秋葵通过了有机认证，获得浙江精品果蔬展销会金奖等荣誉称号。

产品特性："秀地"牌黄秋葵生产于江山市张村乡，距市区29千米，不使用转基因技术，不使用农药、化肥，无重金属污染，是纯天然、无污染、安全性高的农产品，也是蔬菜食材中的百变食材，做法也是别具一格。

生产单位：江山市秀地果蔬专业合作社　　法人代表：周献中
联 系 人：姜胜辉　　联系电话：18367000790

七里源高山茄
Qi Li Yuan Gao Shan Qie

企业简介：衢州市新联建农产品有限公司是一家集优质农产品生产、研发、加工、销售为一体的浙江省级农产品流通龙头企业、衢州市农业龙头企业。公司是衢州市唯一生产有机蔬菜的企业，现有7个产品通过有机认证，也是衢州当地最大的高山蔬菜生产商。

产品特性：七里源牌有机高山茄，产品品种引茄一号，产自公司海拔800米的有机蔬菜基地——大俱源有机蔬菜基地，引用山泉水浇灌，施放基地生态循环养殖的动物粪便和有机肥，产品外形美观，口感细腻，全年产量达120吨。

生产单位：衢州市新联建农产品有限公司　　**法人代表：**王建明
联 系 人：王建明　　**联系电话：**13732502528

晨阳番茄
Chen Yang Fan Qie

企业简介：台州市黄岩院桥番茄专业合作社拥有社员114个，建立了以院桥镇繁荣、浦口洋、浦口西、后郑等村为中心的3 000亩番茄基地。黄岩院桥番茄专业合作社先后被评为"省级优秀示范性农民专业合作社"和"台州市示范性合作社"。"晨阳"牌番茄分别荣获浙江名牌、浙江名牌农产品和台州名牌等称号。

产品特性：产品生产基地环境优良，选用优质硬果型番茄品种，严格按照绿色农产品标准化生产技术栽培，番茄成熟后色泽亮丽、风味独特，营养丰富，是菜中佳肴，果中精品。

生产单位：台州市黄岩院桥番茄专业合作社　　**法人代表：**杨崇森
联 系 人：杨崇森　　**联系电话：**13606822194

干江盘菜
Gan Jiang Pan Cai

企业简介： 玉环县新农蔬菜产销有限公司成立于2005年，主要从事果蔬农产品种植栽培和农产品保险流通。公司固定资产500万元，年纯收入100多万元，拥有无公害蔬菜基地160亩和870平方米冷库储藏室，出口创汇达到26万美元。

产品特性： 干江盘菜皮白、盘大、形美，熟食细嫩鲜美，腌酱制加工风味独特爽口，是玉环居民餐桌上的佳肴。据测试，盘菜内含有多种维生素、微量元素和几种特殊的氨基酸，营养成分丰富。煮熟后有特殊的香味，其香味能迅速提高食欲，故有保健食品之美称。

生产单位：玉环县新农蔬菜产销有限公司
法人代表：叶素明
联 系 人：叶素明
联系电话：13336751932

龙泉绿四季豆
Long Quan Lv Si Ji Dou

企业简介： 龙泉市蔬菜瓜果产业协会是由从事蔬菜瓜果生产、经营、加工、科研、教学和监督管理的法人和自然人自愿参加、联合组成的地方性、行业性、非营利性社会组织，协会龙泉绿四季豆多次获省农博会金奖，2014年"龙泉绿"商标获得丽水市著名商标。

产品特性： 龙泉绿四季豆较早熟，口感好，富含蛋白质和多种氨基酸，常食可健脾胃，增进食欲。有调和脏腑、安养精神、益气健脾、消暑化湿和利水消肿的功效，其种子可激活肿瘤病人淋

巴细胞，产生免疫抗体，有抗肿瘤作用，夏天多吃四季豆有消暑、清口的作用。

生产单位：龙泉市蔬菜瓜果产业协会　法人代表：张世法
联 系 人：张世法　联系电话：13857059748

龙泉绿番茄
Long Quan Lv Fan Qie

企业简介：龙泉市硕丰蔬菜专业合作社是专门从事山地蔬菜生产和销售的高山蔬菜专业合作社，基地按照番茄标准化技术，采取异地育苗、避雨栽培、微蓄微灌、物理杀虫等多样化增效栽培技术。合作社采取统一生产、统一管理、统一销售的管理模式。"龙泉绿"番茄获得无公害食品认证。

产品特性：龙泉绿番茄营养丰富，每100克鲜果含水分94克左右，碳水化合物2.5～3.8克，蛋白质0.6～1.2克，维生素C 20～30毫克，以及胡萝卜素、矿物盐、有机酸等，可生食、煮食、加工制成番茄酱等，是人们所喜食主要蔬菜品种之一。

生产单位：龙泉市硕丰蔬菜专业合作社 　**法人代表**：毛月旺
联 系 人：毛月旺 　**联系电话**：13957064616

晶龙翠玉梨
Jing Long Cui Yu Li

企业简介：杭州滨江果业有限公司是杭州市农业龙头企业、先后荣获"浙江省现代农业示范园"、"国家级农业标准化示范区"等荣誉。公司生产的"晶龙"翠玉梨先后荣获浙江省精品水果展示会金奖、浙江省名牌产品、中国国际农业博览会名牌产品、浙江省十大名梨等荣誉，绿色食品和GAP认证产品等荣誉。

产品特性："晶龙"翠玉梨产地地处钱塘江南岸，气候优良，土壤肥沃。"晶龙"翠玉梨果实外观饱满充实、光滑亮丽、个型硕大、果芯小，肉质松脆，汁多味甜。果实富含尼克酸等多种维生素和果糖等有机成分，还含有钾、钠、硒等微量元素，集形美、味甜、绿色于一体，江南独秀。

生产单位：杭州滨江果业有限公司 　**法人代表**：高文琴
联 系 人：沈 红 　**联系电话**：13606649656

阳山畈水蜜桃
Yang Shan Fan Shui Mi Tao

企业简介：桐庐阳山畈蜜桃合作社，是一家集蜜桃生产、管理，技术服务，收购、加工、保鲜贮藏和销售为一体的农民专业合作社。合作社先后获得"省级优秀示范性农民专业合作社"、"浙江省百强农民专业合作社"、"杭州市十佳农民专业合作社"等荣誉称号。"阳山畈"品牌获得了浙江省著名商标，"阳山畈"水蜜桃浙江省名牌农产品。

产品特性：阳山畈的蜜桃，果形端正，外观艳丽，口感细腻，汁多味甜，容易消化，营养丰富，肉甜汁多，含丰富的铁质，能增加人体血红蛋白数量。蜜桃药用价值高，桃肉能养血美颜，桃仁还有活血化瘀、平喘止咳等作用。

生产单位：桐庐阳山畈蜜桃专业合作社　　**法人代表：**王金根

联系人：李梦婷　　**联系电话：**13758276787

桐江蜜梨
Tong Jiang Mi Li

企业简介：桐庐钟山蜜梨专业合作社是全国农民专业合作社示范社，先后通过国家无公害农产品、绿色食品和ISO 9001：2000质量管理体系认证，通过"浙江省名牌产品"、"浙江省著名商标"等认定，2003年一举夺得"浙江省十大名梨"的桂冠，2013年入选"中国名特优新农产品"。

产品特性：主栽品种为翠冠，该品种成熟早、果形大、果心小、果肉白色，松脆爽口，汁多味甜，品质上乘，综合性状优，是砂梨系统中极优的品种。翠冠梨具有清心、润肺、降火、生津、润燥、清热、化痰等功效。

生产单位：桐庐钟山蜜梨专业合作社　　**法人代表：**陈新照

联系人：陈新照　　**联系电话：**13968014783

美人紫葡萄
Mei Ren Zi Pu Tao

企业简介： 杭州美人紫农业开发有限公司是浙江省农业科技企业和杭州市农业龙头企业。2006年至今，公司生产基地及产品连续多年通过绿色食品、中国良好农业（GAP）、无公害农产品、无公害农产品产地认证。"美人紫"商标被认定为浙江省著名商标，多次获得浙江省农博会金奖。

产品特性： "美人紫"牌葡萄来自绿色葡萄生产基地。生产中不使用转基因技术，绿色无污染，无农药及重金属污染。不使用化学合成农药、化肥，是纯天然、无污染、安全性高的农产品。产品无论其外观、口感、口味及营养元素都堪称上乘，鲜食口感绝佳，用其酿酒风味别具一格。

生产单位： 杭州美人紫农业开发有限公司　　**法人代表：** 沈月芳
联 系 人： 沈月芳　　**联系电话：** 13867138677

秋琴蜜梨
Qiu Qin Mi Li

企业简介： 杭州萧山秋琴农业发展有限公司，是一家从事蔬菜、水果、水产、粮食生产经营的杭州市农业龙头企业，是全国蔬菜标准园创建基地。十几年以来，公司从一个占地200亩的梨园发展到如今占地3 000余亩、年产值突破8 000万元的综合性农业企业。

产品特性： 秋琴蜜梨香甜爽口，风味独特，品质特优，具有"香、甜、脆、嫩"的特点，品种主要有翠冠、黄花、杭青等。产品通过了国家绿色食品认证。产品均采用双层套袋技术，最大限度的保障了产品质量。

生产单位： 杭州萧山秋琴农业发展有限公司　　**法人代表：** 施秋琴
联 系 人： 赵晓光　　**联系电话：** 15968141241

矮子鲜桃
Ai Zi Xian Tao

企业简介： 杭州富阳矮子鲜桃专业合作社是一家
集生产管理、咨询、引种、试种、推广、技术、
服务、收购和销售为一体的鲜桃专业合作社。先
后争创成为"国家级示范性农民专业合作社"、"浙
江省示范性农民专业合作社"、"浙江省科技示范
大户"，并获得浙江省农业博览会"金奖"。

产品特性： 矮子鲜桃不但果形大、果面光洁、
颜色鲜亮；同时富含蛋白质、脂肪、碳水化合
物、粗纤维、钙、磷、铁、胡萝卜素、维生素
B_1、以及有机酸（主要是苹果酸和柠檬酸）等营
养成分，适宜大部分人群食用。

生产单位： 杭州富阳矮子鲜桃专业合作社　　**法人代表：** 郑友英
联 系 人： 何建强　　**联系电话：** 13968180750

黎阳葡萄
Li Yang Pu Tao

企业简介： 慈溪市新浦六塘南葡萄专业合作社
是慈溪市新浦镇六塘南村一家集生产、销售、运
输、贮藏为一体互助型经济组织，拥有3 000余
亩的全国最大的连片大棚葡萄种植基地。目前，
"黎阳"牌葡萄已通过"无公害农产品""国家 A
级绿色"认证，曾获"宁波市十大名果""浙江省
精品水果金奖"等荣誉称号。

产品特性： "黎阳"牌葡萄产自慈溪市种植葡萄最
早的地区，技术成熟，绿色无污染，无农药及重
金属污染，严格按照标准化技术生产。主打品种
"巨峰"抗病抗寒性能好，成熟时呈紫黑色，粒大
皮薄，味甜多汁，果粉多，口感好，富含多种营
养元素，具有很高的食用价值。

生产单位： 慈溪市新浦六塘南葡萄专业合作社　　**法人代表：** 叶　江
联 系 人： 叶　江　　**联系电话：** 13805810150

味香园葡萄
Wei Xiang Yuan Pu Tao

企业简介：余姚市临山镇味香园葡萄专业合作社是省示范性农民专业合作社，先后通过农业部无公害农产品、有机食品认证、宁波市无公害产地认证。味香园牌葡萄被评为浙江省名牌产品，商标被认定浙江省著名商标。

产品特性：味香园葡萄目前主要品种有40余种，以高效低毒农药防病和无公害设施栽培模式培育种植，有颗粒大、耐贮藏、色泽鲜艳、味道清纯甜美的特点，富含糖、有机酸、蛋白质、无机盐、维生素和10余种氨基酸。

生产单位：余姚市临山镇味香园葡萄专业合作社　**法人代表：**傅伟尧
联 系 人：徐丹丹　　**联系电话：**0574-62039902

塘川橄榄
Tang Chuan Gan Lan

企业简介：平阳县塘川橄榄专业合作社是一家专业从事橄榄种植开发的合作企业，现有资产总额391.36万元，其中固定资产250.73万元，长期资产合计348.97万元。近年来，先后被评为县示范性专业合作社、温州市示范性合作经济组织、省示范性农民专业合作社。

产品特性：塘川橄榄来自无污染的青山天然果品，栽培历史悠久，果实丰厚，品质佳美，其特点：味香、渣少、质清脆、回味清甜。橄榄富含钙、铁、磷、蛋白质、维生素、鞣质及其他碳水化合，具有清热、利咽喉开胃、肋消化、解酒之功效。

生产单位：平阳县塘川橄榄专业合作社　**法人代表：**徐海丰
联 系 人：徐海丰　　**联系电话：**13958913998

雷甸西瓜
Lei Dian Xi Gua

企业简介： 德清县雷甸镇国兴瓜菜专业合作社是浙江省农民示范性专业合作社。2003年至今，雷甸牌国兴西瓜已通过绿色食品认证。"雷甸"商标被认定为浙江省著名商标，"雷甸"牌西瓜分别获得"浙江省名牌农产品"、"浙江名牌"等荣誉称号。

产品特性： "雷甸"牌西瓜以拿比特、小兰等优质小西瓜品种，以施用有机肥为主，按绿色食品标准生产。"雷甸"牌西瓜重2千克左右，外表美观，果皮极薄，肉质鲜嫩爽口，甜而多汁，口感特好。

生产单位： 德清县雷甸镇国兴瓜菜专业合作社
法人代表： 佘国兴
联 系 人： 佘国兴
联系电话： 13004267737

青藤葡萄
Qing Teng Pu Tao

企业简介： 浙江青藤绿色农业科技有限公司是浙江省农业科技企业和湖州市重点农业龙头企业。企业连续多年通过绿色食品认证，是浙江省现代农业与高效生态农业示范园区、农业标准化推广示范基地。"青藤"商标被认定为浙江省著名商标、湖州市十大示范农产品商标。"青藤"牌葡萄被授予"浙江名牌产品"、"浙江名牌农产品"等荣誉称号。

产品特性： "青藤"牌葡萄品种丰富，以欧亚种为主，不使用转基因技术，绿色安全无污染。产品含有多种维生素、氨基酸和丰富的钾、钙、钠、锰等人体所必需的微量元素，无论其外观、口感、口味及营养元素，堪称极品。

生产单位： 浙江青藤绿色农业科技有限公司　　**法人代表：** 陈伟永
联 系 人： 陈伟永　　**联系电话：** 0572-3059999

玲珑湾甜柿
Ling Long Wan Tian Shi

企业简介：湖州玲珑生态农业发展有限公司从事农产品生产、农业项目研究、农产品贸易和生态欧式庄园的休闲旅游观光及经营管理。企业成立以来，荣获多项奖项，如"市级农业龙头企业"、"市级精品园区"、"省级企业研发中心"等。

产品特性："玲珑湾"牌甜柿选用来自玲珑湾无公害生产园区，优选台湾甜柿优良品种"富有"、"大秋"、"早秋"，引进台湾先进的栽培管理技术，打造出外观、口感、口味及营养元素都堪称上乘的优质甜柿产品。

生产单位：湖州玲珑生态农业发展有限公司　**法人代表：**张　乐
联 系 人：张　乐　**联系电话：**13058901188

凤桥水蜜桃
Feng Qiao Shui Mi Tao

企业简介：嘉兴市凤桥水蜜桃专业合作社是浙江省农业龙头企业。"凤桥"商标被认定为浙江省著名商标，并已获绿色食品证书认证。2010—2014年连续5年被评为浙江省精品水果展示会金奖，2011年被认定为浙江省示范性农民专业合作社。

产品特性：凤桥水蜜桃着力推广优良品种，实行无公害栽培，强化标准化管理，注重品牌宣传，并注册了"凤桥"优质水蜜桃的商标，合作社带动周边农户1 500多户，种植面积达1万多亩。水蜜桃性味平和，含有多种维生素和果酸以及钙、磷等无机盐，口感好。

生产单位：嘉兴市凤桥水蜜桃专业合作社　**法人代表：**应华伦
联 系 人：应华伦　**联系电话：**13605731266

江南葡萄
Jiang Nan Pu Tao

浙江省优秀示范性农民专业合作社、浙江省百强农民专业合作社、国家葡萄产业技术体系综合试验站示范点、全国农民专业合作社示范社等荣誉称号。

产品特性："江南"葡萄主栽品种有8个，分别为醉金香、红地球、巨玫瑰、巨峰优株、夏黑、红峰、藤稔、美人指。特点：风味好、穗形佳、果粒饱满、耐贮运，果粒大小均匀，成熟度一致，色泽鲜艳，美味可口，营养丰富，绿色安全，是鲜食葡萄中的佳品。

企业简介：嘉兴市绿江葡萄专业合作社是一家专业从事葡萄生产、新品种培育、技术培训、科技推广、产品销售于一体的农民股份制经济合作组织。合作社先后被评为嘉兴市农业龙头企业、

生产单位：嘉兴市绿江葡萄专业合作社　　**法人代表**：朱屹峰
联 系 人：沈　剑　　**联系电话**：13758323715

褚大姐甜瓜
Chu Da Jie Tian Gua

企业简介：嘉兴市褚大姐甜瓜专业合作社拥有标准化示范基地面积660亩，先后被认定为浙江省优秀示范性农民专业合作社、浙江省百强农民专业合作社、浙江省农业科技企业。"褚大姐"牌甜瓜先后通过浙江省无公害农产品产地、产品双认证，以及中国绿色食品认证，"褚大姐"商标被认定为浙江省著名商标。

产品特性："褚大姐"牌甜瓜按照无公害农产品、绿色食品标准进行生产，主要种植品种为"蜜天下"甜瓜。"蜜天下"果实高球形，成熟果表皮淡

白色，果面有稀少网纹，汁水丰多，无渣，入口即化。果实后熟愈久，汁水愈多，愈芳香甜美，品质发挥至极致。

生产单位：嘉兴市褚大姐甜瓜专业合作社　　**法人代表**：褚富宝
联 系 人：褚富宝　　**联系电话**：13957327829

田欣葡萄
Tian Xin Pu Tao

企业简介：海宁光耀葡萄专业合作社是浙江省级示范性农民专业合作社，主要生产葡萄品种有红地球、藤念、巨峰、巨玫瑰、醉金香、无核四号、红罗莎等。合作社制订了一整套种植标准，组织实施标准化生产，打造精品水果，2007年通过 ISO 9001质量体系认证、绿色食品和无公害食品论证。

产品特性："田欣"牌葡萄采用绿色无公害标准化种植模式，绿色无污染，所产葡萄由于其外观美、口感好及营养价值高，深受江浙沪一带的客商喜爱。

▌ **生产单位：**海宁光耀葡萄专业合作社　　**法人代表：**徐海龙
▌ **联 系 人：**徐海龙　　**联系电话：**0573-87092389

惠绿蜜梨
Hui Lv Mi Li

企业简介：嘉善县惠民蜜梨专业合作社是浙江省优秀示范性农民专业合作社，2002年至今5 000亩蜜梨通过浙江省无公害农产品基地认证，生产的"惠绿"牌蜜梨达到国家绿色食品标准，获得浙江省著名商标、浙江省名牌产品，多次获得浙江省农博会金奖、浙江省精品水果展示会金奖等荣誉称号。

产品特性："惠绿"牌蜜梨源自于优良的生态环境，产品达到国家绿色食品的标准，且果大、光泽、甜醇、质优。从7月10日左右大量上市，消费者一致反映："惠绿"蜜梨汁多味甜、脆嫩爽口，买了还想买、吃了更想吃。

▌ **生产单位：**嘉善县惠民蜜梨专业合作社　　**法人代表：**戴新华
▌ **联 系 人：**戴新华　　**联系电话：**13656621578

金丝娘猕猴桃
Jin Si Niang Mi Hou Tao

企业简介：浙江金丝娘水果专业合作社创立于2008年，专注于精品水果的种植与推广，在嘉兴拥有种植基地800多亩，2014年实现销售收入1 280万元，其中猕猴桃、蟠桃、黄桃、葡萄通过国家Ａ级绿色食品认证，是嘉兴地区最具影响力的精品水果产销单位。

产品特性：严格按照国家Ａ级绿色食品执行标准进行种植管理，严格控制单位产量。产出的水果商品性好、糖度高、果形端正、色泽鲜、口感细腻、回味甘甜。

生产单位：浙江金丝娘水果专业合作社 　**法人代表**：徐炳君
联系人：何火光 　**联系电话**：15857354023

诸暨短柄樱桃
Zhu Ji Duan Bing Ying Tao

企业简介：赵家镇樱桃协会成立于2007年4月，共有协会会员121名。在镇政府的领导和帮助下，举办樱桃协会，注册商标，加强技术培训，赵家樱桃知名度得到较快的提高，樱桃效益成倍增加。

产品特性：诸暨短柄樱桃是诸暨地方品种中选育出来的优良鲜食品种，品质上等，平均单果重2.3克，大果重4克左右；果肉黄白、肉质细、柔软多汁，酸甜适度，微香；营养丰富，可溶性固形物含量13.8%，可食率89%。

生产单位：赵家镇樱桃协会 　**法人代表**：何伟录
联系人：何伟录 　**联系电话**：13706856537

美人笑葡萄
Mei Ren Xiao Pu Tao

企业简介：诸暨果蔬协会成立于2011年3月，主要由诸暨市从事果蔬产业的大户组成，基本形成了产、供、销为一体的产业运营模式。现有会员200多名，其中葡萄种植户占60%，协会会员所属葡萄基地和产品85%以上已认定为无公害基地和产品。

产品特性：欧亚种，原产日本，1991年引入中国。果粒细长形，先端紫红色，光亮，基部稍淡，恰如染红指甲油的美女手指，可溶性固形物达15%～18%，一般穗重750克，8月下旬成熟。

生产单位：诸暨市果蔬协会　　**法人代表**：楼建华
联 系 人：楼建华　　**联系电话**：13065560088

五指岩葡萄
Wu Zhi Yan Pu Tao

企业简介：永康市唐先五指岩葡萄专业合作社由27个村和16个家庭农场组成的的葡萄专业合作社，是全国最大的红富士葡萄基地之一，合作社的红富士葡萄通过国家无公害农产品认证，并先后获全国葡萄评比银奖、省农博会金奖和省精品水果展示会金奖等多种奖项，2010年被中国果品流通协会授予"中国红富士葡萄之乡"的称号。

产品特性：唐先五指岩葡萄有红富士、青提、藤稔、夏黑等十几个品种，"唐八鲜"牌红富士葡萄具有糖度高、汁液多、风味浓、易剥皮等显著特点，远销全国各地，深受消费者喜爱。

生产单位：永康市唐先五指岩葡萄专业合作社
法人代表：应　明
联 系 人：应　明

联系电话：13566751148

方山柿
Fang Shan Shi

企业简介： 永康市新楼农业开发有限公司创建于2000年8月，是永康市农业龙头企业。方山牌方山柿是浙江名牌、浙江省著名商标、国家绿色食品 A 级产品，曾多次获浙江农博会、义乌森博会优质农产品金奖，2014年被中国园艺协会柿分会评为"十大优质产品"。

产品特性： 方山柿是永康地方传统名果，果实扁圆或圆形，色泽橙黄或橙红，汁液丰富，纤维少，风味醇郁，品质特佳，而且含多种营养成分，其蛋白质、脂肪、氨基酸、维生素 C、维生素 E 等含量明显高于同类柿果。

生产单位：永康市新楼农业开发有限公司
法人代表：胡真明
联 系 人：胡真明
联系电话：13758998428

冠强梨
Guan Qiang Li

企业简介： 东阳市冠绿果品种植场是全国农村科普和省水果设施栽培示范基地、绿色食品生产和农产品生产安全体系建设培训基地，列入省现代农业示范区（精品园）建设，主施农家有机肥、物理杀虫、机械分级。"冠强"牌梨获得绿色食品、浙江名牌产品、省著名商标和省农博会金奖产品等荣誉。

产品特性： 冠强梨全部实施套袋栽培，品种有翠冠、圆黄、黄花、初夏绿等，果皮色泽一致，果面光洁漂亮，果大匀整、鲜艳美观、果肉洁白

细脆、核小、几无石细胞，汁多味甜，可溶性固形物含量13% 以上，独具品质优势。

生产单位：东阳市冠绿果品种植场　　法人代表：王毓轩
联 系 人：王毓轩　　联系电话：13506594740

响铃南枣

Xiang Ling Nan Zao

企业简介： 东阳市响铃枣业有限公司是一家专业从事南枣及新疆红枣品种选育、南枣及新疆红枣系列产品开发的企业。公司先后被评定为"金华市农业龙头企业"、"浙江省农业科技企业"等。"响铃"商标被认定为浙江省著名商标。"响铃"牌南枣分别获"浙江省绿色农产品"、"浙江省名牌产品"、"国家级无公害农产品"等荣誉称号。

产品特性： "响铃"牌南枣以东阳双仁大枣为原料，采用传统工艺和现代科学技术相结合的方法，是纯天然保健食品。具有紫里透红、肉质细腻带胶、仁大饱满、营养丰富等特点。因其原料纯真，工艺独特，色、香、味俱全，是保健、馈赠之佳品。

生产单位： 东阳市响铃枣业有限公司　　**法人代表：** 蒋良平

联 系 人： 蒋良平　　**联系电话：** 13758951918

青春果南蜜枣

Qing Chun Guo Nan Mi Zao

企业简介： 义乌市亚冠果业开发有限公司，是一家专业生产、开发、销售于一体的蜜枣生产商，拥有先进的管理体系，先进的果品加工设备，专业的果品贮藏库房，成立多年来，秉承着"客户第一，诚信至上"的原则，与多家企业建立了长期的合作关系。

产品特性： 义乌大枣呈圆筒形或椭圆形，果肉厚、核小，含种仁率高。加工成南枣含粗脂肪0.23%、粗蛋白1.50%、还原糖17.80%、总糖64.10%、维生素 C 含量高，还含维生素 B_1、B_2

等。外观好、花纹细、色泽深浓、黑里透红发亮，为江南枣中的佳品。南枣是义乌特有的名贵产品。

生产单位： 义乌市亚冠果业开发有限公司　　**法人代表：** 杜成兴

联 系 人： 杜成兴　　**联系电话：** 13588690028

大博金火龙果
Da Bo Jin Huo Long Guo

企业简介：浙江大博金农业开发有限公司是一家以热带水果、瓜果、蔬菜的种植为基础，特色火龙果种植为主，同时开展农业旅游观光服务的金华市农业龙头企业，是全国最大的设施化栽培火龙果基地之一。

产品特性：大博金红心火龙果具有美容、养颜、抗衰老、预防便秘、促进眼睛保健、增加骨质密度、帮助细胞膜形成、预防贫血和抗神经炎、口角炎、降低胆固醇。大博金火龙果品质优良，味甜多汁，果肉滑嫩、细致，略带花香，口感极佳，为火龙果之极品。

生产单位：浙江大博金农业开发有限公司　　**法人代表**：朱林飞
联 系 人：汤湘汝　　**联系电话**：13605728589

世外萄园葡萄
Shi Wai Tao Yuan Pu Tao

企业简介：金华市汇鑫特色农业发展有限公司是一家专业从事进口水果和国产高档水果营销、葡萄新品种引进、种植技术研究、高新技术推广与应用和果品销售一条龙的农业龙头企业。目前公司已建立以金华市农产品批发市场为核心，自备仓储冷库和冷藏车，基本覆盖了华东地区各大中城市，产品注册"世外萄园"牌商标。

产品特性：公司生产葡萄产品具有穗形整齐，外形美观，果粒大、品质佳，着色均匀及耐贮运等特点。所有品种均待充分成熟才采摘上市，品质有保障，产品颇受消费者喜欢，市场供不应求。

生产单位：金华市汇鑫特色农业发展有限公司
法人代表：胡新洪
联 系 人：胡新洪
联系电话：13905799126

蜜之源蜜橘
Mi Zhi Yuan Mi Ju

企业简介：合作社创立于2005年，主要从事柑橘(水果)生产和经营，在清水村建有1 050亩蜜橘精品园，年产优质果2千多吨。"蜜之源"牌柑橘获得绿色食品认证，2011年来连续获省农博会金奖、市优质柑橘第一名等。合作社评为省示范性专业合作社、省级优秀示范性佳作社、衢州市十佳农民专业合作社。

产品特性：衢江蜜橘具有果形整齐，色泽亮丽，果皮细薄的外观特征；果实含16种人体所需氨基酸和维生素及多种微量元素，营养丰富；食之肉质脆嫩，汁多化渣，酸甜适中，风味浓郁，清香爽口，品质极优。

生产单位：衢州市新联建农产品有限公司　　**法人代表**：俞建飞

联 系 人：俞建飞　　**联系电话**：13857012342

饭甑山蜜奶瓜
Fan Zeng Shan Mi Nai Gua

企业简介：衢州市衢江区林氏精品西瓜专业合作社于2008年成立，有基地826亩，年销售西瓜21 169吨，年销售收入3 400余万元，带动农户数268户，辐射带动面积3 300亩，经济效益和社会效益显著。2009年被评为省级示范性合作社，同年，被认定为衢州市衢江区农业龙头企业。商标被评为衢州市著名商标。

产品特性：蜜奶系列瓜按照有机食品生产标准，采用高新技术，整个种植过程经48道程序，以奇特的工艺将牛奶、蜂蜜等蜜制特殊营养液，使西瓜合理转化吸收，整个生产过程做到无公害。

生产单位：衢州市衢江区林氏精品西瓜专业合作社　　**法人代表**：翁有良

联 系 人：翁有良　　**联系电话**：13157006061

登步黄金瓜
Deng Bu Huang Jin Gua

企业简介：2004年2月，普陀区工商分局将从事登步黄金瓜种植、经营的农民散户组织起来，成立了登步黄金瓜种植协会。2005年3月又注册了商标，统一设计制作包装箱，统一使用注册商标，进一步提高了登步黄金瓜的知名度。

产品特性：登步黄金瓜是黄金瓜的一种，该瓜以其独特的香、脆、甜等优良品质而经久不衰延续至今，又因在登步岛种植可以全面体现特别的风味和佛光金色的外观美，由此得名登步黄金瓜。登步黄金瓜性喜温暖干燥、光照充足的气候环境和微碱的土壤环境，耐寒耐涝性较弱，较抗蔓枯病和疫病。

生产单位：舟山市普陀区登步黄金瓜种植协会
法人代表：李忠洋
联系人：李忠洋
联系电话：13906802835

金塘李
Jin Tang Li

企业简介：舟山市群益李子专业合作社成立于2011年，拥有入社社员31人，注册资金1 060万，其承包种植的金塘李果树生产面积已达300余亩，全年经济收入已达到35万元以上，辐射和带动周边农户600余户。2015年被评为定海区优秀农业科技示范户。

产品特性：金塘李果实以其果粉浓密、果形优美、果大核小、皮青肉红、肉质松脆、酸甜适口、品质优异、风味极佳为特色，因其主产于金塘岛而得名。金塘李果肉中硒元素含量丰富，已达到富硒食品（是人体最重要的微量元素）标准，此外还含有多种维生素，具有开胃之功效。

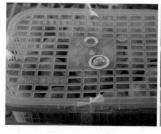

生产单位：舟山市群益李子专业合作社　　**法人代表**：戎忠苗
联系人：戎忠苗　　**联系电话**：13575635506

皋泄香柚
Gao Xie Xiang You

企业简介：舟山市定海区农业投资开发有限公司的前身是舟山市定海新野农特产经营有限公司，成立于1991年，注册资金2 000万，固定资产1 700万，是一家集生产、销售、品牌经营于一体的有限责任制企业，现有"普陀山"牌晚稻杨梅、皋泄香柚等水果基地5 000余亩，产值达600余万元。

产品特性：皋泄香柚果实呈高馒头形或梨形，成熟果皮呈橙色，香气浓，果肉肉色晶莹透亮，脆嫩且汁液适宜。香柚营养丰富，含有多种维生素和10多种矿物质，具有祛痰润肺、降火利尿、预防心血管疾病等功效。皋泄香柚丰产、稳产性好，果实不易裂果、耐贮藏。

生产单位：舟山市定海区农业投资开发有限公司　　**法人代表**：张松军

联 系 人：应海良　　**联系电话**：13957215720

津玉枇杷
Jin Yu Pi Pa

被评为浙江省知名商号和台州市著名商标。大红袍、白沙枇杷曾多次获省农博会金奖。

产品特性：枇杷主要栽培品种有2个，即红肉类的洛阳青和白肉类的桐屿白沙。洛阳青树势中等，抗逆性强，较稳产，汁液中等，甜酸适度，且耐运输贮藏。白沙树势强健，抗冻力较好，柔软多汁，风味甘甜，富含人体所需的各种营养元素。

企业简介：台州市路桥绿园果品专业合作社主营高品质的枇杷、杨梅等新鲜果品，产品拥有国家绿色食品认证。合作社被评为省级示范性农民专业合作社和浙江省森林食品基地，"津玉"品牌

生产单位：台州市路桥绿园果品专业合作社

法人代表：陈仁福

联 系 人：陈仁福

联系电话：13957658258

黄蜜西瓜
Huang Mi Xi Gua

企业简介：台州市路桥黄蜜果蔬专业合作社自2005年注册成立，位于台州市农垦场内，是浙江省瓜菜无公害食品生产基地。"黄蜜"西瓜曾荣获浙江十大品牌西瓜、浙江优质西瓜、农博会金奖、浙江名牌等荣誉称号。

产品特性：黄蜜牌西瓜主栽优质西瓜品种，注重品种特性和品质，外观漂亮、质地细腻、瓤红多汁、口感松脆、糖度高、风味极佳、商品性好，曾在浙江省首届西瓜吉尼斯擂台赛上荣获"多乐佳"杯一等奖，受到广大消费者的认可和欢迎。

生产单位：台州市路桥黄蜜果蔬专业合作社　　**法人代表：**阮利仁

联 系 人：阮利仁　　**联系电话：**15325666407

浙藤葡萄
Zhe Teng Pu Tao

企业简介：台州市路桥超藤葡萄专业合作社成立于2003年4月8日，现有注册资金202万元，入社社员130人，基地面积4 500亩，年产量7 000吨，生产的"浙藤"牌葡萄2003年11月通过省农业厅"无公害农产品"认证；2004年12月又得到了中国绿色食品发展中心的"绿色食品"认证。

产品特性：合作社有红富士、夏黑、美人指、巨峰、藤稔、无核四号、宇选一号等葡萄品种，产品质量优，口感好，含有机酸、果胶、维生素、矿物质及多种氨基酸等。

生产单位：台州市路桥超藤葡萄专业合作社　　**法人代表：**周继顺

联 系 人：曹文文　　**联系电话：**0576-82745226

君林蓝莓
Jun Lin Lan Mei

企业简介：台州市君临蓝莓有限公司是一家专业从事蓝莓生产、研究、开发与经营的企业，现有优质蓝莓生产示范基地1 500多亩，拥有年产300万株蓝莓良种繁育基地一个，为台州市农业龙头企业、浙江省农业企业科技研发中心。"君林"牌蓝莓通过中国绿色食品认证，被评为台州市名牌产品、台州最具发展潜力品牌农产品，荣获2013浙江农业博览会金奖。

产品特性："君林"牌蓝莓具有果大、色丽，味甜、口感好、香气浓等特点，富含花青素等多种营养物质，具有较高的食用与营养保健功能，是新兴水果的代表。

> **生产单位：**台州市君临蓝莓有限公司
> **法人代表：**林海瑛
> **联 系 人：**林海瑛
> **联系电话：**0576-85321812　　13706767321

玉麟西瓜
Yu Lin Xi Gua

企业简介：浙江省温岭市玉麟果蔬专业合作社成立于2002年7月，注册资金500万元，现有社员796人，种植总面积达3.23多万亩。合作社是全国农民专业合作组织先进单位、十佳走出去农民专业合作社和国家农业标准化示范区；"玉麟"牌西瓜评为中国名牌农产品，连续十三年获中国浙江农博会金奖；"玉麟"商标是浙江省著名商标。

产品特性："玉麟"牌西瓜有早熟品系、小果品系和大果品系。果实外观漂亮，瓜形适中，皮薄平滑，瓤红多汁，色泽均匀；肉质细腻，松脆可口，风味极佳；无白筋，纤维少，糖度高。

> **生产单位：**浙江省温岭市玉麟果蔬专业合作社　　**法人代表：**彭友达
> **联 系 人：**彭友达　　**联系电话：**13605865303

明圣高橙

Ming Sheng Gao Cheng

企业简介： 温岭市国庆塘高橙场成立于1994年，是温岭市第一家农业类股份制企业，公司所拥有的"明圣"牌在1999年注册成功，是温岭市第一个农产品品牌。核心基地面积250亩，辐射面积5 500亩，年产优质温岭高橙60 000余吨。"明圣"牌高橙曾被评为中国名牌产品与中华名果，获得浙江省农业博览会金奖。

产品特性： 明圣牌温岭高橙选育温岭高橙之精品良种，果实个大形美、色泽橙红，果汁多，风味独特，清香可口，富含多种维生素和还原糖、氨基酸等营养成分，其特有的苦味是柠碱和诺米林，具有抑制化学致癌物的作用。

生产单位： 温岭市国庆塘高橙场　　**法人代表：** 曹英妹

联 系 人： 陈正连　　**联系电话：** 13906564178

滨珠葡萄

Bin Zhu Pu Tao

企业简介： 温岭市滨海葡萄专业合作社于2002年6月成立，有会员109人，生产基地2 680亩，直接带动温岭市东南沿海2万余亩葡萄产业区。合作社是浙江省规范化合作社、浙江省绿色食品示范企业，"滨珠"葡萄先后获绿色食品认证、浙江名牌产品、浙江省名牌农产品、浙江省精品水果展金奖、浙江省农博会金奖。

产品特性： "滨珠"牌葡萄产于肥沃的滨海平原，品种为经多年改良的欧美杂交种，全面采用大棚避雨栽培技术，果品外形美观，着色好，风味特佳，可溶性固形物含量高，优质早熟，为国内同类果品中的精品。

生产单位： 温岭市滨海葡萄专业合作社　　**法人代表：** 陈济林

联 系 人： 陈济林　　**联系电话：** 13758653391

喜梢蜜梨
Xi Shao Mi Li

企业简介：温岭市滨海早熟梨专业合作社成立于2004年10月，是一家专业从事优质早熟梨生产、服务、营销的农民专业合作组织。现有社员102户，注册资本162万，标准化生产基地500亩。产品已通过国家绿色食品认证，被评为浙江省名牌产品，曾荣获浙江省农博会金奖。"喜梢"商标被评为浙江省著名商标。

产品特性：早熟翠冠梨高产，生长期长，果皮薄，果实大，果心小，果肉多汁，松脆细嫩，味甜，耐储运性较好，不使用任何化学合成农药，绿色无污染，素有"百果之宗"的美称。

生产单位：温岭市滨海早熟梨专业合作社　　**法人代表：**应锡明

联系人：应锡明　　**联系电话：**13606678008

九穗儿葡萄
Jiu Sui Er Pu Tao

企业简介：天台县九穗儿生态种植园成立于2004年1月，总投资3 800余万元，种植园占地面积1 020亩。种植园被评台州市农业龙头企业，是浙江省首批全程标准化生产示范项目实施单位。"九穗儿"商标被认定为"浙江省著名商标"。"九穗儿"牌葡萄被认定为"浙江省名牌产品"，荣获浙江农博会金奖等称号。

产品特性：葡萄主要有醉金香、巨玫瑰、夏黑等品种，采用"数字化生态精致栽培"和标准化生产技术，色香味甜，着色均匀、糖度一致、果粒均称、糖度达到19度以上。

生产单位：天台县九穗儿生态种植园　　**法人代表：**葛凌腾

联系人：葛凌腾　　**联系电话：**13905860680

和长柑橘
He Chang Gan Ju

国家级风景区仙居县横溪镇，共有社员150户，种植基地2 000亩，年产柑橘2 000多吨。注有商标"和长"，是台州市著名商标。产品获得绿色食品认证，基地于2012年通过省级特色农业精品园验收，在2013年被确认为浙江省农业标准化推广示范基地。

产品特性：主导产品为宫川，该产品果实外观呈扁圆形，果皮较薄，表面细滑，色泽鲜艳，橙黄至橙红色；果肉橙红色，肉质清甜、细腻、多汁、化渣，香味浓厚。此外，还有新品种红美人和春香柚。

企业简介：仙居县和长柑橘专业合作社坐落在

生产单位：仙居县和长柑橘专业合作社　　**法人代表：**翁和长
联 系 人：翁和长　　**联系电话：**13706764792

扬百利杨梅汁
Yang Bai Li Yang Mei Zhi

企业简介：浙江扬百利生物科技有限公司是专业经营杨梅产业基地、技术开发、精深加工、品牌营销等全产业链的现代生物科技企业，每月可加工杨梅1万吨，被评为省级骨干农业龙头企业，先后获得浙江名牌农产品、浙江省农业博览会新产品金奖、中国国际农产品交易会金

奖等荣誉称号。

产品特性：杨梅汁严格按照食品安全管理体系的要求，采用先进的玻璃瓶果汁饮料生产线，经无菌灌装而成。该产品的主要特点是口味纯正，酸甜适口，保持了新鲜杨梅特有的色泽、风味，不含任何人工合成的色素、香精等食品添加剂。

生产单位：浙江扬百利生物科技有限公司　　**法人代表：**吴海江
联 系 人：潘柳清　　**联系电话：**0576-87797711

沈园西瓜
Shen Yuan Xi Gua

企业简介：三门县沈园西瓜专业合作社是集西瓜育苗、种植、经销为一体，同时兼营西兰花、柑橘等蔬菜、水果的种植与销售的农民专业合作经济组织。沈园西瓜专业合作社是浙江省示范农民专业合作社。注册"沈园"商标，被认定为台州名牌产品。"沈园"牌西瓜获得浙江省精品水果优质奖和浙江精品果蔬展销会金奖等荣誉称号。

产品特性："沈园"西瓜瓜瓤脆嫩，味甜多汁，含有丰富的矿物盐和多种维生素，对治疗肾炎、糖尿病及膀胱炎等疾病有辅助疗效。果皮可凉拌、腌渍、制蜜饯、果酱和饲料，种子含油量达50%，可榨油、炒食或作糕点配料。

> **生产单位：**三门县沈园西瓜专业合作社　　**法人代表：**沈定祥
> **联 系 人：**沈定祥　　**联系电话：**0576-83471666

丽白枇杷
Li Bai Pi Pa

企业简介：丽水市丽白枇杷产销专业合作社是丽水市示范性农民专业合作社，丽白枇杷在2009年第四届全国枇杷学术年会上获"太湖东山杯"全国十大优质枇杷称号，2011年荣获浙江省农业吉尼斯枇杷擂台赛"三等奖"，2013年荣获"丽水白枇杷一等奖"等荣誉称号。

产品特性："丽白"牌枇杷生产基地地处莲都区太平乡下（土天）村，这里环境优美，水质优良，无工业环境污染，生产的丽白枇杷使用有机农家肥种植，其外形美观，肉质细腻，多汁爽口，糖度高，别具风味，并被收录到《中国枇杷志》中。

> **生产单位：**丽水市丽白枇杷产销专业合作社　　**法人代表：**傅陈波
> **联 系 人：**傅陈波　　**联系电话：**15988091903

山水瓯柑
Shan Shui Ou Gan

企业简介： 丽水市山水果业有限公司为丽水市重点农业龙头企业、丽水市十佳农业龙头企业。"山水"商标为浙江省著名商标，"山水"瓯柑通过中国绿色食品、无公害农产品等认证，多次荣获浙江省农博会金奖。

产品特性： 瓯柑是浙西南名果，更以"天下第一柑"而享有盛誉。其果实皮色鲜艳，清甜多汁，含有丰富的维生素、果糖、柠檬酸以及钙、磷、铁等。"山水"瓯柑药用价值较高，能解热生津，化痰止咳，对咳嗽、麻疹、肝炎、高热和高血压

等症状具有一定疗效，对煤气烟毒有特殊的解毒功能。

生产单位： 丽水市山水果业有限公司　　**法人代表：** 梅献山
联 系 人： 李继光　　**联系电话：** 13857089723

仙仁杨梅
Xian Ren Yang Mei

企业简介： 缙云县仁岸杨梅专业合作社，2008年2月注册"仙仁"牌商标，2012年获丽水市著名商标，2013年成为全县区域公用品牌，产品为浙江省无公害农产品，自2008年以来，"仙仁"牌东魁杨梅曾多次荣获浙江农业吉尼斯杨梅擂台赛第一名。

产品特性： 仙仁杨梅主栽品种为东魁杨梅，该品种树冠高大，树势极强。果实颜色为深红色，光亮，果形为不正圆球形，肉柱粗大，先端钝尖，平均单果重25克，最大单果重达65克，软硬适中，果实整齐度较高。仙仁杨梅风味浓，甜酸适口，口味纯正，无异味，可溶性固形物高达13.9%，可食率96%。

生产单位： 缙云县仁岸杨梅专业合作社　　**法人代表：** 何必达
联 系 人： 何必达　　**联系电话：** 13567091931

唯新鲜肉贡丸
Wei Xin Xian Rou Gong Wan

企业简介：杭州唯新食品有限公司是一家专业从事肉类制品的研发、生产与销售的中外合资（台资）企业。主要生产"唯新"肉酥系列、关东煮系列、深海产品系列、休闲系列产品和速冻系列产品。公司于2005年通过了 ISO 9001 和 HACCP 双体系的认证。先后获得"浙江省名牌产品"、"市级农业龙头企业"、"省消费者信得过单位"、"浙江省著名商标"等殊荣。

产品特性：唯新贡丸选用优质的鲜猪后腿精肉为原料，采用台湾秘制配方经现代化设备精制而成，贡丸具有浓厚的肉感，和自然的弹性，咸甜适口，使人越吃越想吃。唯新贡丸真正好味"到"。

唯新猪肉酥
Wei Xin Zhu Rou Su

企业简介：杭州唯新食品有限公司是一家专业从事肉类制品的研发、生产与销售的中外合资（台资）企业。主要生产"唯新"肉酥系列、关东煮系列、深海产品系列、休闲系列产品和速冻系列产品。公司于2005年通过了 ISO 9001 和 HACCP 双体系的认证。先后获得"浙江省名牌产品"、"市级农业龙头企业"、"省消费者信得过单位"、"浙江省著名商标"等殊荣。

产品特性：唯新猪肉酥精选特质鲜猪后腿精肉为原料，道道工艺严格把关，采用维生素等多种人体所必需的营养素。纤维蓬松、入口香酥易化，易消化吸收，是理想的营养补充食品。

生产单位：杭州唯新食品有限公司　　**法人代表**：骆贤祥

联 系 人：朱黎萍　　**联系电话**：0571－ 81961018

小来大牌酱鸭
Xiao Lai Da Pai Jiang Ya

企业简介：杭州小来大农业开发集团有限公司主要生产"小来大"系列的酱鸭和香肠。酱卤肉制品主要是小来大酱板鸭。速冻调理制品主要为豆茸素肉制品。"小来大"品牌荣获"浙江省著名商标、浙江省名牌产品、浙江省百年老字号"等荣誉称号。

产品特性："小来大"酱鸭，是杭州的传统风味名吃，鸭子纯酱制，肉色枣红，芳香油润，咸中带鲜，富有回味。小来大沿用祖传酱制工艺和生产流程，行业首创了酱鸭流水线操作的工业化生产模式。小来大的酱鸭产品因具有色泽美、滋味鲜、酥香不腻而驰誉国内餐饮行业。

生产单位：杭州小来大农业开发集团有限公司　　**法人代表**：王建永

联系人：方瑛　　**联系电话**：13735576865

蜂之语蜂胶软胶囊
Feng Zhi Yu Feng Jiao Ruan Jiao Nang

企业简介：杭州蜂之语蜂业股份有限公司是国家扶持高新技术企业和浙江省农业龙头企业。已连续多年通过 ISO 90001 和 ISO 22000 认证，实验室通过 CNS 认证，成为蜂产品行业中首家国家认可实验室。公司主要生产以"蜂之语"为品牌的几十种产品，"蜂之语"品牌荣获"国家驰名商标、浙江省著名商标、杭州市知名品牌、杭州知名产品"等荣誉称号。

产品特性：该产品主要以蜂胶为主要原料制成的保健食品，经功能试验证明，具有免疫调节和抗疲劳的保健功能。蜂胶中的黄铜成分对于辅助降三高有一定的帮助功能，已向专利局申请专利。

生产单位：杭州蜂之语蜂业股份有限公司　　**法人代表**：钱志明

联系人：叶伟城　　**联系电话**：0571-64223051

大观山种猪

Da Guan Shan Zhong Zhu

企业简介： 杭州大观山种猪育种有限公司是从事种猪育种、生产经营的专业公司，被誉为"中国长白猪的摇篮"，农业部确定的首批国家级重点种畜禽场，浙江省畜禽种苗工程种猪原种基地，浙江省畜禽养殖示范基地，"大观山"商标被评为"浙江省著名商标"。

产品特性： 公司生产设施先进齐全，技术力量雄厚，种猪品质优良，培育长白、大白、杜洛克三大品种。现有基础母猪群2 000余头，年供种能力30 000头以上。2013年，公司又从丹麦引进优秀的长白、大约克原种猪200余头。科学开展种猪性能改良和新品系的培育，有效地提升了"大观山"种猪的品质。

    生产单位： 杭州大观山种猪育种有限公司　　**法人代表：** 金访中
    联 系 人： 曹小英　　**联系电话：** 0571-88534801

钱江野鸭

Qian Jiang Ye Ya

企业简介： 杭州萧山钱江水禽驯养繁殖场是杭州市级农业龙头企业，浙江省级现代畜牧生态养殖示范区，浙江省无公害农产品产地。钱江野鸭系列产品是通过ISO 9001：2000国际质量管理体系认证的绿色食品；获得第五届中国国际农业博览会名牌产品；连续多年获得浙江农业博览会金奖；"钱江牌"商标被评为浙江省著名商标、中国驰名商标。

产品特性： "钱江"牌野鸭是野生野鸭与家养媒鸭杂交子代，具有野生野鸭飞翔、潜水等习性，其肉质鲜嫩、野香味浓厚、瘦肉率高、营养丰富。用其加工而成的钱江酱野鸭色香味美、回味无穷、不含色素和防腐剂，属自然晒干的绿色环保食品。

    生产单位： 杭州萧山钱江水禽驯养繁殖场　　**法人代表：** 朱雪华
    联 系 人： 朱雪华　　**联系电话：** 0571-82363299

秋梅干菜鸭
Qiu Mei Gan Cai Ya

企业简介： 浙江秋梅食品有限公司是全国农产品加工业示范企业、全国巾帼现代农业科技产业基地、浙江省级骨干农业龙头企业。"秋梅"商标被认定为中国驰名商标，"秋梅"牌倒笃菜荣获浙江名牌产品等殊荣，并连续十年荣获浙江省农业博览会金奖。

产品特性： 秋梅干菜鸭选用千岛湖优质水鸭作原料，配以农家干菜为辅料精制而成。成品黑里透红，入口油而不腻，酥嫩爽糯，既有鸭肉的鲜味，也有干菜的清香，并略带甜意，其色、香、味皆异于各派烹饪之鸭而别具一格，是杭州三十六道名菜之一。

生产单位： 浙江秋梅食品有限公司　　**法人代表：** 潘秋梅
联 系 人： 余国英　　**联系电话：** 18057175066

郎德康法式鹅肝
Lang De Kang Fa Shi E Gan

企业简介： 合作社围绕朗德鹅生产繁育、鹅苗饲料供应、成鹅回收加工销售、服务社员等主要环节，对社员开展"五统一"服务，组织社员实施标准化生产，品牌化销售，保证产品质量安全，促进鹅业生产。目前，合作社已获得全国首家熟鹅肥肝 QS 生产认证，通过 O2O 销售模式将产品销往全国各地。

产品特性： 法式鹅肥肝味美独特，营养丰富，含有大量对人体有益的不饱和脂肪和多种维生素，能降低人体血液中胆固醇的含量，降低血脂，软化血管，延缓衰老，防治心脑血管疾病的发生，最适于儿童和老年人食用，是欧美飞行员每餐必备的食品，被誉为"世界绿色食品之王"、"世界三大美食之首"。

生产单位： 宁波杭州湾新区旺圣鹅业专业合作社　　**法人代表：** 王书娣
联 系 人： 王书娣　　**联系电话：** 13757455368

振宁土鸡蛋
Zhen Ning Tu Ji Dan

企业简介：宁波市振宁牧业有限公司成立于2000年5月，注册资金680万元人民币。公司现为宁波市农业龙头企业，现有年出栏土鸡680万羽、加工饲料3万吨、加工土鸡100万羽的生产能力，建有生态示范养殖基地20个，联结农户2 500户，带动农户增收3 000余万元。"振宁"商标为浙江省著名商标。

产品特性："振宁"牌宁海土鸡蛋外型娇小、光滑、蛋白清稠、蛋黄柔嫩、自然醇香口感佳。土鸡蛋含有丰富的碘、硒、锌、铁、钙和多种维生

素、多种氨基酸、卵磷脂、高密度脂蛋白，适用于小儿缺锌引起的厌食、免疫低下、不长个子，中老年心血管、甲状腺等疾病和孕妇产前、产后营养滋补。

生产单位：宁波市振宁牧业有限公司　　**法人代表：**屠友金
联 系 人：黄金辉　　**联系电话：**0574-65226077

花蕊蜂蜜
Hua Rui Feng Mi

企业简介：宁波源彬蜂业发展有限公司成立于2000年，是一家集饲养、收购、科研、加工和销售为一体的蜂产品专业公司。公司现已通过 ISO 9001：2000国际质量管理体系认证、ISO 14000：2004国际环境管理体系认证、QS 认证和无公害农产品认证，建立了一整套质量保证体系。公司自主研发的"花蕊"牌系列蜂产品，先后被评为"宁波市名牌农产品"、"浙江省名牌产品"、"浙江省知名商号"。

产品特性："花蕊"牌蜂产品以优质的天然材料和先进的加工工艺制作而成，无农药残留，不含抗生素，蜜质清澈、透明，各项指标均达国家标准，产品同国际接轨。

生产单位：源彬蜂业发展有限公司　　**法人代表：**张源彬
联 系 人：张亚平　　**联系电话：**13968342448

振宁岔路黑猪
Zhen Ning Cha Lu Hei Zhu

企业简介：宁波市振宁牧业有限公司成立于2000年5月，注册资金680万元人民币。公司实行"公司加基地加农户加品牌专卖"的经营机制，饲养生猪20 000余头，建有生态示范养殖基地20个，联结农户2 500户，带动农户增收3 000余万元。公司现为宁波市农业龙头企业，"振宁"商标为浙江省著名商标。

产品特性："振宁"牌岔路黑猪是浙江省优良的地方猪种之一，也是宁波市唯一的地方猪种，在我县繁衍已有300余年的历史，具有高繁殖性、强适应性和肉质细嫩多汁、味道鲜美醇香等优良特性。

生产单位：宁波市振宁牧业有限公司　　**法人代表：**屠友金
联 系 人：黄金辉　　**联系电话：**0574-65226077

曙海白鹅（加工品）
Shu Hai Bai E （Jia Gong Pin）

企业简介：象山曙海大白鹅食品有限公司是一家集种鹅养殖、孵化、饲料加工、肉鹅养殖、屠宰、肉制品深加工为一体的市级农业龙头企业。公司获得"现代农业先进集体"、"县农业龙头企业"、"市浙东白鹅生产加工重点企业"、"国家地理标志证明商标"等荣誉称号。

产品特性：象山白鹅体型中等匀称、高贵，象山白鹅肉质肥、鲜、嫩、脆，口感非常细嫩、松脆、顺滑。《本草纲目》记载，鹅肉利五脏，解五脏毒，止消渴。公司开发出白斩鹅、盐水鹅、烤鹅、酱鹅、香腊鹅等五大系列五十多个品种。早在明永乐年间，象山白鹅鹅翎为国朝岁进供应，有"无鹅不成宴"之习俗。

生产单位：象山曙海大白鹅食品有限公司　　**法人代表：**梅雪亮
联 系 人：俞雪定　　**联系电话：**13906841315

信心酱油肉

Xin Xin Jiang You Rou

企业简介： 永凯农业成立于1999年，是一家集生猪养殖、屠宰、肉制品研发、冷冻、生产、销售和贸易为一体的企业，经营新鲜肉品加工、休闲肉制品加工、调理食品加工、连锁销售、配送服务等业务。目前，永凯农业旗下信心牌肉品在浙南地区深受消费者欢迎，为浙南肉品第一品牌。

产品特性： 信心酱油肉在欧美冷干加工技术的基础上，联合研发了仿生低温风干技术，彻底改传统的天然晒制为冷干自动化生产，生产统一的高品质酱油肉，使酱油肉变为全年任何时刻均可享用的美味。

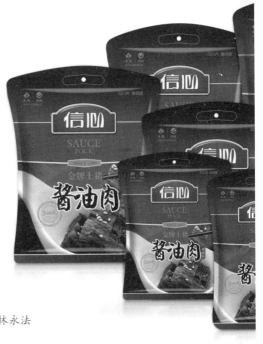

生产单位： 浙江永凯农业有限公司　　**法人代表：** 林永法

联 系 人： 林永法　　**联系电话：** 18968808800

初旭酱鸭舌

Chu Xu Jiang Ya She

企业简介： 温州市初旭食品有限公司成立于2003年，是一家集熟食加工、商业贸易于一体的综合型私营企业。企业荣获了浙江省农业科技企业、市级"百龙工程"农业龙头企业、浙江省农产品连锁经营试点企业等多项荣誉。

产品特性： 初旭酱鸭舌选用优质原料和传统配方，采用先进的加工工艺和流程，产品质量上乘、风味独特，其色香诱人止步、酱香浓郁、回味悠长。初旭酱鸭舌包装规格多样化，可满足不同消费者的需求，曾多次被《温州都市报》评为"温州名小吃"。

生产单位： 温州市初旭食品有限公司　　**法人代表：** 吴初旭

联 系 人： 王　锐　　**联系电话：** 15167790011

楠溪熏鸡
Nan Xi Xun Ji

企业简介：温州鸡报晓食品有限公司成立于2003年，主营产品有南溪熏鸡、熏鸡胗、熏鸡翅、熏鸭舌、熏鸭胗、本地鸡蛋。

产品特性：楠溪山底熏鸡，以虫草为实的鸡。本品选用楠溪江畔本地优良鲜活鸡为原料，引进先进的设备和科学的方法，并采用历史悠久的传统工艺及配方精料而成，具有卫生、营养、味道好、香味浓等特点，深受广大顾客欢迎，是酬宾宴客和赠送亲友的理想食品。

生产单位：温州鸡报晓食品有限公司　　**法人代表：**郑明健

联 系 人：郑明健　　**联系电话：**18806873288

一鸣牛奶
Yi Ming Niu Nai

企业简介：一鸣公司创办于1992年，是一家集奶牛养殖，乳制品、面包、糕点生产和销售于一体的农业产业化国家重点龙头企业，拥有国家星火计划龙头企业技术创新中心、浙江省绿色企业、浙江省名牌农产品、省消费者信得过单位等诸多荣誉。目前产品本地市场占有率高达85%。

产品特性：一鸣鲜奶，精选浙南闽北的优质奶源，采用巴氏低温灭菌法生产，全程恒温操作，保留鲜奶呈自然状态。产品分真鲜奶、家庭奶、早餐奶、学童奶、长寿奶、谷物奶六大类，主导产品为纯奶、蛋奶、枣奶、甜奶、酸奶、谷物奶。

生产单位：浙江一鸣食品股份有限公司　　**法人代表：**朱明春

联 系 人：朱明春　　**联系电话：**18957758830

双凤兔肉松
Shuang Feng Tu Rou Song

企业简介：浙江双凤食品有限公司是一家集商品兔养殖、兔肉产品加工、销售、研发、服务为一体的农业产业化龙头企业。公司创办14年来，被评为浙江省农业龙头骨干企业、省农产品加工示范企业、省农业科技企业、省"妇字号"农业。兔肉松项目被列为国家科技星火计划，双凤系列兔肉产品已连续九年荣获浙江省农博会优质产品金奖称号，双凤商标被评为浙江省著名商标。

产品特性：兔肉松以高山区无污染的健康兔肉为原料，经现代科学技术和先进生产工艺精制而成，具有全方位的营养价值，是其他家禽不能匹及的（高于牛、羊、猪、鸡等）。

生产单位：文成县亨哈山珍食品有限公司　　法人代表：林大钧
联 系 人：苏碎平　　联系电话：13868661216

天遥土鸡
Tian Yao Tu Ji

企业简介：浙江天遥农业开发股份有限公司成立于2007年7月，注册资金2 000万元，是一家集农业观光、生态旅游、农产品开发和销售于一体的农业综合型开发企业。 2010年天遥公司被评为温州市"百龙工程"农业龙头企业、温州市农业骨干企业、温州市林业重点龙头企业，天遥土鸡被认定为浙江名牌农产品。

产品特性：土鸡生长环境讲究，喂食野外天然饲料、活体虫子及天然的玉米、豆粕和谷物，生长期长，至少6个月。肉质细嫩，营养丰富，能增强人体体质，调节生理机能，增强免疫力。

生产单位：浙江天遥农业开发股份有限公司　　法人代表：吴大遥
联 系 人：吴大遥　　联系电话：13858813488

天照鹅肥肝
Tian Zhao E Fei Gan

企业简介： 长兴县荣耀鹅业有限公司是专业从事朗德鹅养殖、屠宰、加工、经营为一体的现代化省级农业龙头企业，公司通过了国家 ISO 9001 国家管理体系、14001 环保体系、以及 HACCP 质量安全体系和有机食品认证，并被评为浙江省无公害农产品基地、浙江省农产品加工示范企业。

产品特性： 鹅肥肝是世界公认三大美食之一，肝质地细嫩，香味独特，风味鲜美。内含不饱和脂肪酸和多种维生素。具有降低血脂、软化血管、延缓衰老、防治心脑血管疾病发生的功效。

生产单位： 长兴县荣耀鹅业有限公司　　**法人代表：** 朱凌方
联系人： 邵荣益　　**联系电话：** 13336831885

申农生猪
Shen Nong Sheng Zhu

企业简介： 安吉县正新牧业有限公司主要从事生猪养殖和销售，年出栏商品猪13 000余头，是农业部生猪标准化示范场、浙江省生态养殖示范区、浙江省农业科技企业、湖州市重点农业龙头企业、浙江省工商企业"守合同重信用"单位、安吉县诚信民营企业，产品获国家级无公害农产品证书，"浙江名牌农产品"、"湖州名牌产品"、"湖州市农产品质量奖"等称号，"申农"商标获浙江省著名商标。

产品特性： 申农牌猪肉——无公害放心猪肉。猪身丰满结实，双肌明显，腹部上吊，瘦肉达63%以上，肉猪屠宰率高，其胴体肉色鲜红，具有口感好，肉质佳的特点。

生产单位： 安吉县正新牧业有限公司
法人代表： 沈顺新
联系人： 张楷伟
联系电话： 15967213591

展旺太湖鹅
Zhan Wang Tai Hu E

企业简介：湖州众旺禽业有限公司是浙江省农业科技企业、湖州市农业龙头企业和浙江省首个农业博士后科研工作站创建单位。目前已成为浙江省最大的水禽繁育基地。"展旺太湖鹅"被认定为浙江省名牌产品和农业部无公害农产品的荣誉称号。

产品特性："展旺太湖鹅"采用我国畜禽品种保护名录特色品种之一的太湖鹅原种为主要产品。肉品蛋白质含量高达17.6%～18.2%，富含组氨酸和赖氨酸等人体必需的氨基酸，并且还含有较多的不饱和脂肪酸。具降低血液中胆固醇水平，软化血管，预防心血管疾病的功效。

生产单位：湖州众旺禽业有限公司 　**法人代表：**孙小梅
联 系 人：孙小梅 　**联系电话：**0572-3931066　 13905725146

卓旺北京鸭
Zhuo Wang Bei Jing Ya

企业简介：湖州建旺禽业专业合作社是专业从事北京鸭等种禽繁育、养殖、深加工、销售和技术咨询服务的种禽生产单位和湖州市十佳农民专业合作组织。所拥有的卓旺北京鸭农产品先后被列入浙江省著名农产品和湖州市著名商标及产品的荣誉称号。

产品特性："卓旺北京鸭"产品具有羽色纯白并带有奶油光泽；喙、胫、蹼橙黄色或橘红色；虹彩蓝灰色，体型中等丰满，挺拔美观。用其生产的鸭肉和鸭蛋产品不仅富含 B 族维生素和维生素 E，还能有效抵抗脚气病、神经炎和多种炎症，以及抗衰老，健胃养脾，补肾养颜之功效。

生产单位：湖州建旺禽业专业合作社
法人代表：汤建新
联 系 人：汤建新
联系电话：0572-3931066　13905725146

文虎酱鸭
Wen Hu Jiang Ya

企业简介：嘉兴市南湖区文虎酱鸭总厂是嘉兴市农业龙头企业，主要生产"文虎"牌酱鸭及禽类肉制品、罐头食品。企业多次被评为省市先进集体、重合同守信用单位和消费者信得过单位。注册的"文虎"商标被评为浙江省著名商标，"文虎酱鸭"被认定为浙江省知名商号，多次荣获浙江省农博会金奖。

产品特性：文虎酱鸭选用优质肉鸭为原料，产品加工工艺先进，配料精细考究，结合现代科技精心制作，色、香、味俱全。产品"色泽褐红、味道鲜美、油而不腻、酥而不烂"，是居家、旅游、宴请之佳品，深受广大市民喜爱，享有"浙江第一鸭"的美誉。

| 生产单位：嘉兴市南湖区文虎酱鸭总厂 　法人代表：朱文虎 |
| 联系人：朱文虎 　联系电话：0573-82805007/82805349 |

王店三园鸡
Wang Dian San Yuan Ji

企业简介：嘉兴市秀洲区王店三园鸡专业合作社是浙江省农业科技企业和浙江省优秀农民示范专业合作社，已连续多年通过省无公害畜牧业产地和全国无公害农产品认证。"王店"商标被认定为浙江省著名商标。"王店"牌三园鸡分别获"国家地理标志保护产品、浙江名牌农产品"等荣誉称号。

产品特性："王店"牌三园鸡原料选用来自放养于桑园，果园、庭园（三园）的土鸡；养殖地环境安全可靠，食野外虫草及谷、麦、玉米糠麸类饲料，不饲喂任何药物、激素和添加剂，该鸡肉经烹饪后具有肉质鲜美、鸡味浓郁、鸡汤油而不腻的特点。

| 生产单位：嘉兴市秀洲区王店三园鸡专业合作社 |
| 法人代表：姚荣昌 |
| 联系人：姚荣昌 |
| 联系电话：0573-83300885 　　13705734270 |

龙牌糟蛋
Long Pai Zao Dan

企业简介： 平湖市龙牌糟蛋食品有限公司主要生产蛋制品为主，常年产糟蛋、彩蛋、咸蛋加工量在300万只左右，其他传统特色产品有：醉鲤珠、糟青鱼等。公司主要特色产品为平湖软壳糟蛋，清乾隆年间被列为皇室贡品，曾六次获商业部、浙江省优质产品奖、2011年其生产工艺被浙江省列为非物质文化遗产名录。

产品特性： 糟蛋，是采用新鲜鸭蛋作原料，经清洗裂壳后，浸入优质糯米酒糟中酿制而成，其蛋质细嫩，醇香可口，有开胃，解腻，促进血液循环等多种功能。特点是质地鲜嫩，糟香味醇厚。

> **生产单位：** 平湖市龙牌糟蛋食品有限公司　　**法人代表：** 尤明泰
> **联 系 人：** 张　皓　　**联系电话：** 0573-85125265

尼松野鸭
Ni Song Ye Ya

企业简介： 浙江尼松食品有限公司是一家容野鸭繁殖驯养、产品加工与销售于一体的浙江省农业科技企业。"尼松"商标被认定为浙江省著名商标，产品分别获"浙江名牌农产品"、"全国百佳农产品品牌"等荣誉称号。

产品特性： 尼松野鸭，以杭州湾北岸——原生态野鸭养殖基地驯养的一代野鸭为原材料，以尼松品牌传统方法秘制，将极具地方特色文化的产品与现代食品技术融合，相得益彰。成品后，保留了野鸭品种野味和原香，每一份尼松野鸭的产品香气浓郁、味道鲜美，营养丰富，品享之间令您回味悠长。

> **生产单位：** 浙江尼松食品有限公司　　**法人代表：** 周进良
> **联 系 人：** 周进良　　**联系电话：** 0573-86564747

膳博士鲜猪肉
Shan Bo Shi Xian Zhu Rou

企业简介：浙江青莲食品股份有限公司是一家集良种繁育、生猪养殖、生猪屠宰、生鲜配送、肉制品加工、连锁销售于一体的综合性企业，2011年被认定为农业产业化国家重点龙头企业。现已形成涵盖良种繁育—生态养殖—透明工厂—肉品加工—冷链物流—品牌门店—文化旅游等生猪产业所有环节，完成从源头到餐桌的产业链布局。

产品特性：青莲食品旗下主力品牌"膳博士"，以"美味猪肉专家"为品牌理念，为消费者提供安全、美味的精品膳食选择。形成了绿色猪肉、有机猪肉的系列梯队，和白条、分割品、气调产品、冻品的丰富品项。

生产单位：浙江青莲食品股份有限公司　**法人代表：**许明曙
联系人：徐湘红　**联系电话：**15068362288

宝崽猪肉
Bao Zai Zhu Rou

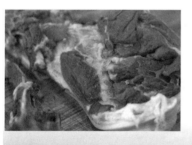

企业简介：浙江省农发集团是省政府直属的国有资产营运机构，所属宝仔公司专业从事金华两头乌原种基因保护及原种产品开发。公司被认定为国家发改委生猪标准化养殖小区、农业部无公害农产品、浙江省生猪养殖精品园等，"宝崽"牌获得绍兴市名牌产品。

产品特性："宝崽"牌猪肉采用传统饲养方法，以玉米、豆粕、麸皮为主食，不使用配合饲料和添加剂，是纯天然、无污染的农产品。"宝崽"牌猪肉有以下特点：肉质松软，嚼口好；肉质滋润易冻，油而不腻；肉香盈室，闻之食欲顿开。

生产单位：浙江宝仔农业发展有限公司　**法人代表：**顾宝军
联系人：顾宝军　**联系电话：**13905851818

绍兴鸭
Shao Xing Ya

企业简介：诸暨市国伟禽业发展有限公司是以专业经营绍兴鸭为主，集绍兴鸭原种保护与开发、种禽种苗、禽蛋与肉制品加工、饲料销售和科技研发于一体的省骨干农业龙头企业、省重点种禽企业、省种畜禽生产示范企业、省农业科技企业、绍兴市十佳农业龙头企业、绍兴市创新型企业。

产品特性：绍兴鸭具有产蛋多、性成熟早、体重小、饲料报酬高、适应性广、抗病力强等特点，其青年鸭育成快，肉鸭及老鸭风味独特，不仅肉质鲜美，而且营养丰富，具有滋补功能，鸭蛋有清热泻火功效。

生产单位：诸暨市国伟禽业发展有限公司
法人代表：李国伟
联 系 人：李柳萌
联系电话：15158272018

一景牛奶
Yi Jing Niu Nai

企业简介：绍兴市一景乳业有限公司是浙江省骨干农业龙头企业，"一景"商标被认定为浙江省著名商标、浙江省知名商号。"一景牛奶"是绍兴市唯一的牛奶产品，被认定为浙江省名牌农产品。

产品特性：牧场环境优美，空气新鲜，水质优良，饲料质量符合绿色食品标准，有世界先进的综合恒温牛舍，奶牛品种上乘，生产全过程采用巴氏杀菌，产品新鲜度、营养成分高，所产原料奶的各项指标达到世界先进水平，优于欧盟标准。

生产单位：绍兴市一景乳业有限公司
法人代表：李 鸣
联 系 人：邢喜波
联系电话：13587365828

归真中华宫廷黄鸡
Gui Zhen Zhong Hua Gong Ting Huang Ji

企业简介： 新昌县宫廷黄鸡繁育有限公司始创于2003年8月，是绍兴市重点家禽企业和农业龙头企业，农业部畜禽标准化示范基地，绍兴市名牌产品和省名牌农产品，在省农博会上获得金奖等荣誉称号。生态养殖基地年可出栏"归真"牌商品鸡9万羽，蛋100多吨。

产品特性： 中华宫廷黄鸡观赏价值高，肉质极佳，鲜、香、柔嫩滑脆，无腥味，营养价值高，鸡肉含蛋白质21.7%，含十一种人体必需氨基酸，具有较高的滋补理疗作用。制作方法简单，只需加入盐白水煮就可以。

生产单位： 新昌县宫廷黄鸡繁育有限公司　　**法人代表：** 石孟达

联系人： 石孟达　　**联系电话：** 0575-86058218　　13967581581

高歌鹅肥肝
Gao Ge E Fei Gan

企业简介： 永康市高歌食品有限公司是集种鹅孵化、畜禽养殖、加工、销售于一体的金华市农业龙头企业，是国家农业综合开发多种经营项目单位。高歌牌鹅肥肝2007年通过农业部无公害农产品认定，2013年1月"高歌"商标认定为"浙江省著名商标"，是我国重要的鹅肥肝生产基地。

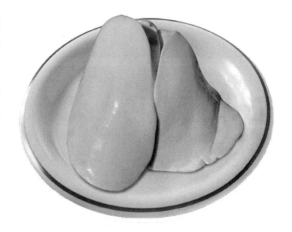

产品特性： 高歌鹅肥肝质地细嫩、风味鲜美、浓腴、奇特，鹅肥肝比一般肝重量增加十倍，其中脂肪含量在一半以上，绝大部分为不饱和脂肪酸(65%～68%)是深受欢迎的高档营养保健食品。

生产单位： 永康市高歌食品有限公司　　**法人代表：** 姚福长

联 系 人： 姚福长　　**联系电话：** 0579—87250728

天上飞灰鹅
Tian Shang Fei Hui E

灰鹅省级种质资源保护基地，具有年产优质鹅苗5万羽、商品鹅4万羽的能力。"天上飞"牌永康灰鹅通过了国家无公害农产品认证。基地先后被评为"浙江省农村科技示范户"、"浙江省永康灰鹅种质资源保护基地"等荣誉称号。

产品特性：天上飞灰鹅以青草、玉米、稻谷等纯天然食物为主食，营养丰富，味道鲜美，是深受欢迎的天然健康食品。灰鹅肥肝中含有人体所需的多种营养物质，特别是含有丰富的卵磷脂和不饱和脂肪酸，是永康及周边县市居民节日喜庆、祭祀的必备品。

企业简介：永康市花果山种养基地是金华市级农业龙头企业、金华市现代农业示范基地、永康

生产单位：永康市花果山种养基地 **法人代表：**胡康辉
联 系 人：胡康辉 **联系电话：**13506795582

田歌咸鸭蛋
Tian Ge Xian Ya Dan

企业简介：浙江田歌实业有限公司是一家集种植、养殖、食品加工为一体的浙江省妇字号龙头企业、浙江省农业科技企业、浙江省骨干农业龙头企业。主要生产销售无铅皮蛋、真空包装咸鸭蛋、酱老鸭、香酥鸭、酱卤鸭、牛肉、山羊肉等系列产品和鸭肉干、鸭爪、鸭脖子、鸭肫、五香卤蛋、咸鸭蛋黄等保健系列产品。

产品特性：田歌咸鸭蛋采用高山深层无污染黄泥土所腌制，具有"鲜、嫩、细、松、沙、油"六大特点；将其切开，可见蛋白如玉，蛋黄呈金黄色或橘红、油润鲜艳如旭日，松沙鲜美。产品含有人体所必需的多种微量元素和矿物质，是老少皆宜的膳食良品。

生产单位：浙江田歌实业有限公司 **法人代表：**程雅锦
联 系 人：吴红艳 **联系电话：**13735746363

江山白毛乌骨鸡
Jiang Shan Bai Mao Wu Gu Ji

企业简介： 江山市蓝丰种禽有限公司，前身是江山市良种场哺坊，公司位于风景秀丽、环境优美的虎山街道麻车村。公司拥有专业技术人员、标准化种鸡舍、育肥舍和孵化场，主要从事江山白羽乌骨鸡保种、选育、养殖、销售等业务。

产品特性： 江山白羽乌骨鸡全身披洁白羽毛，具有乌喙、乌舌、乌蹠、乌趾、乌皮，其肉质乌黑鲜嫩，可供药用，胶质多，营养丰富全面，有极好的滋补与药用价值，是著名妇科良药乌鸡白凤丸的主要原料，民间流传着"清补胜甲鱼，养伤赛白鸽"的美誉。

生产单位： 江山市蓝丰种禽有限公司　　**法人代表：** 郑玉仙
联系人： 郑玉仙　　**联系电话：** 0570-4445144　　13587129743

阮小二酱鸭
Ruan Xiao Er Jiang Ya

企业简介： 浙江阮氏食品有限公司成立于1999年6月，现有总资产3 000多万元，员工210余名，是一家专业从事农副产品生产、加工和销售的省级骨干农业龙头企业，公司先后荣获了国家级扶贫龙头企业、浙江省著名商标、省级骨干龙头企业、浙江名牌企业等荣誉称号。

产品特性： "阮小二"牌酱鸭以精选钱江源头放养的农家土鸭为主要原料，在民间制作秘方的基础上，结合现代加工制作技术，加入多种天然调味品，经过多道工序精心加工制成。该产品具有风味独特、肉质鲜嫩、多食不腻的特点，实为餐桌上的佳肴，礼品中的精品。

生产单位： 浙江阮氏食品有限公司　　**法人代表：** 张荷花
联系人： 张荷花　　**联系电话：** 13906708999

一粒志卤制品
Yi Li Zhi Lu Zhi Pin

企业简介： 公司成立于2009年5月，是衢州市重点农业龙头企业和衢江区旅游推荐单位。产品先后获得了"华东十大特色小吃"，"浙江农业博览会金奖"、"衢州市十佳旅游商品"、"衢州名牌产品"和"浙江省知名商号"等称号。

产品特性： "鸭头、兔头、鱼头和鸭掌"统称为三头一掌，以其香辣味美闻名遐迩，是衢州美食的金名片。"一粒志"牌三头一掌采用精选的原料、独特的配方、标准的工艺、严格的检测，香辣不上火，包装精美，是居家、旅游、休闲和馈赠亲友的首选产品。

生产单位： 衢州一粒志食品有限公司　　**法人代表：** 占金根
联 系 人： 占金根　　**联系电话：** 13095707778

健顺鹅肥肝
Jian Shun E Fei Gan

企业简介： 衢州市顺康牧业有限公司位于国家东部公园—开化县，2009年通过浙江省农业厅无公害农产品基地认证。2012年"健顺"商标被认定为衢州市著名商标。

产品特性： "健顺"牌鹅肥肝质地鲜嫩，有一种独特的香味，富含不饱和脂肪酸、卵磷脂、亚油酸、核糖核酸等，有降低人体血液中胆固醇含量，有软化血管，延缓衰老，防治心脑血管疾病发生，促进机体新陈代谢，增强体质等功效，是国际上公认的滋补身体的名贵美食。

生产单位： 衢州市顺康牧业有限公司　　**法人代表：** 陈建均
联 系 人： 陈建均　　**联系电话：** 13867025298

不老神鸡
Bu Lao Shen Ji

企业简介：浙江不老神食品有限公司是全国农产品加工业示范企业和农业产业化国家重点龙头企业，也是一家全国性的连锁经营企业。1994年至今，公司已通过了 ISO 14001 环境管理体系、ISO 9001 质量管理体系和 QS 审核认证。"不老神"商标被认定为中国驰名商标，产品分别荣获浙江省农博会金奖、国家科技进步优秀新产品奖、浙江名牌产品等荣誉。

产品特性："不老神鸡"是根据祖国医学"食药一体"理论，按照"脾气须健胃、胃气宜和降"的中医施治原则，在传统"药鸡"的基础上研制而成的，以不油不腻、酥嫩爽滑、味在骨中、甘润留香的独特风味闻名。

生产单位：浙江不老神食品有限公司
法人代表：余震雄
联 系 人：郑樟雄
联系电话：0570—3864378

圆溜溜乌骨鸡蛋
Yuan Liu Liu Wu Gu Ji Dan

企业简介：浙江合兴禽业发展有限公司成立于2003年7月，注册资金为500万元。养殖基地为国家级乌骨鸡标准化示范区、浙江省丝羽乌骨鸡祖代场、浙江省十大种禽示范企业、浙江省农业科技企业、浙江省农业龙头企业。"圆溜溜"商标被认定为省著名商标，获得"浙江省名牌产品"荣誉称号。

产品特性："圆溜溜"牌白毛乌骨鸡蛋偏小，蛋壳细腻光滑，偏白，椭圆形，蛋壳薄，蛋清黏度高，蛋黄偏大。蛋白口感细腻，蛋黄香嫩，风味独特。鸡蛋富含蛋白质、钙以及维生素等物质，极易被人体消化吸收。

生产单位：浙江合兴禽业发展有限公司　　**法人代表**：陈仁夫
联 系 人：陈仁夫　　**联系电话**：13906564139

花坞草鸡

Hua Wu Cao Ji

企业简介：浙江花坞农业开发有限公司创建于2002年4月，注册资金8 000万元。是一家集种鸡培育、苗鸡孵化、饲料加工、温岭草鸡生产、销售、服务于一体的浙江省省级骨干农业龙头企业。目前公司拥有正式员工223人，年养殖销

售温岭草鸡920万只，拥有全国无公害生产基地150亩，产品先后通过有机食品认证、无公害农产品地认证和产品认证。

产品特性：花坞草鸡属优质三黄鸡品系，外表美观，皮薄肉厚，皮下脂肪适度、肌纤维细、肉质鲜嫩。鸡肉富含蛋氨酸、赖氨酸，蛋白质含量较高而脂肪和胆固醇的含量相对较低。

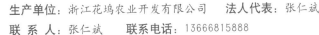
生产单位：浙江花坞农业开发有限公司　**法人代表**：张仁斌
联系人：张仁斌　**联系电话**：13666815888

始丰小狗牛

Shi Feng Xiao Gou Niu

企业简介：天台县畜禽开发公司成立于1993年，注册资本500万元，是一家集小狗牛养殖、生产、销售、品牌化于一体的综合性农业龙头企业。"始丰"商标被评为"台州市著名商标"，产品已通过"无公害农产品"认证，获得"浙江省名牌农产品、浙江省老字号和浙江省农博会金奖产品"等各种称号。

产品特性：天台小狗牛是地方珍稀畜种，为山地型小个体黄牛土种，体型矮小如犬，自然放牧为主。小狗牛皮薄骨细、肉质鲜嫩，牛肉味纯正清香，脂肪含量低、富含多种人体必须的氨基酸。

生产单位：天台县畜禽开发公司　**法人代表**：许君美
联系人：陈才见　**联系电话**：0576-83778377

仙绿土鸡蛋
Xian Lv Tu Ji Dan

企业简介：仙居县仙绿土鸡蛋专业合作社是一家以饲养销售仙居土鸡蛋、土鸡为主的专业合作社。合作社成立于2003年5月，现有社员1 500多户，拥有10个养殖基地，4个绿色农产品专卖店，年饲养土鸡25万多羽，年销售土鸡蛋150多吨，实现销售收入1 000多万元。

产品特性：基地采取林牧结合、立体生态养殖方式，以玉米、稻谷、蚯蚓为饲料养殖仙居鸡，生产的"仙绿牌"土鸡蛋品质优良、口感好、肉质鲜美，营养丰富。

生产单位：仙居县仙绿土鸡蛋专业合作社　　**法人代表：**吴美芬
联 系 人：吴美芬　　**联系电话：**0576-87012160

晨钟山鸡
Chen Zhong Shan Ji

企业简介：三门县海城禽业养殖专业合作社是浙江省省级示范性专业合作社，是一家集特禽养殖、加工销售为一体的农民专业合作社。2006年至今，基地养殖已通过无公害认证。"晨钟牌"七彩山鸡获"台州名牌产品"荣誉称号。

产品特性："晨钟"牌无公害七彩山鸡养殖基地不使用转基因技术，不使用不符合国家标准规定的兽药，饮用水是山上的自然山泉水，绿色无污

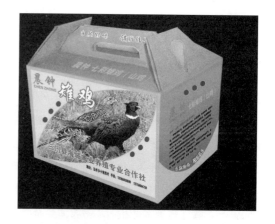

染、无农药及无重金属污染，是纯天然、安全性高的禽类食品。产品无论其外观、口感、口味及营养元素堪称上乘。

生产单位：三门县海城禽业养殖专业合作社
法人代表：金前土
联 系 人：金前土
联系电话：13738682218

五莲星麻鸭
Wu Lian Xing Ma Ya

企业简介：浙江五莲农牧有限公司是专门从事缙云麻鸭种鸭养殖、鸭苗孵化、饲料、兽药供应、养殖技术指导、家禽回收屠宰、熟制品加工等一条龙服务的综合性省级骨干农业龙头企业。五莲星牌商标被评为浙江省著名商标、缙云麻鸭系列产品被评为浙江省名牌产品，连续5年获得浙江省农博会金奖。

产品特性：缙云麻鸭有清热解毒、滋阴降火、止血痢和滋补之功效。鸭肉中的脂肪酸熔点低，易于消化。鸭肉中含有较为丰富的烟酸，它是构成人体内两种重要辅酶的成分之一，对心肌梗死等心脏疾病患者有保护作用。缙云麻鸭系列产品成品色泽枣红、骨香酥软、皮韧肉嫩、咸中藏酥、酥中寓香、回味绵长。

生产单位：浙江五莲农牧有限公司　　**法人代表**：虞永亮
联 系 人：虞永亮　　**联系电话**：13306781444

天尊贡芽茶
Tian Zun Gong Ya Cha

企业简介：桐庐云山银峰茶业有限公司是一家专业从事茶叶基地培植、生产加工、销售和茶文化推广于一体的杭州市市级农业龙头企业，建有高山生态茶叶基地1 080亩。天尊贡芽获浙江省农业厅颁发的"浙江名茶证书"，成功注册国家地理标志证明商标。

产品特性：天尊贡芽茶，产于桐庐县钟山乡海拔600米以上的歌舞山区，外形似寿眉、肥壮显毫、嫩绿鲜润，汤色嫩绿明亮，香气清高持久，滋味甘醇鲜爽，叶底细嫩匀整明亮。天尊贡芽茶为历史名茶，曾为南宋贡茶。

生产单位：桐庐云山银峰茶业有限公司
法人代表：沈黎华
联 系 人：张晓霞
联系电话：0571-64637944　　13968013236

雪窦山曲毫茶
Xue Dou Shan Qu Hao Cha

企业简介：奉化市雪窦山茶叶专业合作社成立于2002年3月，是宁波市首家、浙江省第二家名优茶合作社。2009年合作社拥有社员126名，茶园基地面积10 200亩，生产"雪窦山"牌奉化曲毫等系列名茶220吨，销售额突破3 200万元。"雪窦山"被认定为浙江省著名商标，先后荣获国内外三十多个奖项。

产品特性：名优茶基地主要分布在花岗岩与火山岩发育而成的砂质黄壤和香灰土的山地上，属茶叶生产最适宜区，按有机茶标准进行栽培、加工和贮藏，这些优良的自然环境和高标准的生产方式造就了茶叶的独特而优异的自然品质，即色绿、香高、味醇、形美，耐冲泡。

生产单位：奉化市雪窦山茶叶专业合作社　　**法人代表：**毛家明
联 系 人：毛家明　　**联系电话：**0574-88982714

美栖白枇杷花茶
Mei Qi Bai pi Pa Hua Cha

企业简介：宁波美栖饮品有限公司是一家专业从事"宁海白"枇杷资源高价值利用，集研发、生产和销售于一体的农业产业化龙头企业。自2010年成立至，公司先后通过了ISO 9001：2008质量体系管理认证和绿色食品认证。"美栖"商标被认定为浙江省著名商标。"美栖"牌系列白枇杷花分别获"浙江农博会产品优质奖"、"义乌国际森林博览会产品金奖"等荣誉称号。

产品特性："美栖"牌白枇杷花来自于被誉为"中华名果"的"宁海白"枇杷之精华花瓣，产品采用国际一流生产设备及独特的日本进口三角立袋包和超高温瞬时灭菌技术，经多道工序精制而成，更好地保留了枇杷花的功效及营养成分，产品不含任何防腐剂及色素，气味清香，口感纯正，是纯天然的绿色保健食品。

生产单位：宁波美栖饮品有限公司　　**法人代表：**陈在西
联 系 人：李建军　　**联系电话：**13968355568

觉农舜毫
Jue Nong Shun Hao

企业简介：上虞市觉农茶业有限公司在2001年以当代茶圣、上虞著名乡贤吴觉农先生名字而冠名成立的。企业觉农舜毫茶先后荣获首批"全国无公害农产品"、"绿色食品"、"浙江省茶文化观光休闲示范基地"、"龙井茶原产地保护企业"、"浙江省示范茶厂"、"浙江省标准名茶厂"，"觉农"商标为"浙江省著名商标"。

产品特性：觉农舜毫产自风光秀丽的虞南四明山麓，选用高山单芽制成，采用定点定量生产，其形紧直挺秀，其色翠绿显毫，其香清高鲜纯，其味甘醇爽口，属针形绿茶中极品。

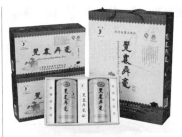

生产单位：上虞市觉农茶业有限公司　　**法人代表**：唐晓芳

联 系 人：戚建乔　　**联系电话**：0575-82213841/82212556

会稽红红茶
Hui Ji Hong Hong Cha

企业简介：浙江绍兴会稽红茶业有限公司是一家符合现代企业制度的股份制公司。公司以"传承茶文化，创新茶科技"的理念，研发茶类新产品、推广茶叶新科技、弘扬茶文化。

产品特性：会稽红红茶原料源于有神山、名山之称的全球重要农业文化遗产保护地会稽山，采用福建武夷山正山堂红茶加工工艺研制而成。其形俊秀显金毫；其色乌黑带金黄；其汤味橙红醇和回甘；其气高长鲜爽具花、果、蜜香，故谓之会稽红。经权威机构检测审评，其品质达到高档红茶标准。

生产单位：浙江会稽红茶业有限公司　　**法人代表**：章　峰

联 系 人：章　峰　　**联系电话**：13867543604

道人峰有机茶
Dao Ren Feng You Ji Cha

企业简介：浙江道人峰茶业有限公司是国家级标准化有机茶示范基地，系浙江省科技型中小企业、金华市农业龙头企业、义乌市高新技术企业、企业信用等级AAA级，是一家集茶叶自产、制、销、科研、文化于一体的民营企业。道人峰商标被评为浙江省著名商标，2010年被认定为浙江省名牌农产品，连续十四届被评定为国际、国内名茶金奖。

产品特性：道人峰有机茶外形略扁平挺直，带毫球，色泽鲜嫩、匀整，内质清香持久，滋味鲜爽甘甜，汤色嫩绿明亮，叶底芽叶细嫩匀齐，持久耐泡。是具有时代特色的真正的纯天然、无污染、高品位、富营养的保健饮品。

生产单位：浙江道人峰茶业有限公司
法人代表：金 靖
联系人：金 靖
联系电话：13957956181

婺州举岩茶
Wu Zhou Ju Yan Cha

企业简介：采云间茶业公司是国内最早开发生产有机茶的企业。主要产品有婺州举岩、采云间绿茶等品种。采云间先后荣获中华文化名茶、国家级扶贫龙头企业、浙江省级骨干农业龙头企业、浙江省著名商标等荣誉。公司产品先后获得 OFDC、OTRDC、IMO、NOP、JAS 等国内外有机认证，并出口30多个国家和地区。

产品特性：婺州举岩茶外形蟠曲紧结，茸毫依稀可见，色泽翠绿油润。香气清香持久，具有兰花香味。滋味醇厚，鲜爽回甘。汤色嫩绿清亮，叶底嫩绿匀整。举岩茶品质最突出之处是汤色如碧乳，堪称茶中佳茗。

生产单位：浙江采云间茶业有限公司　　法人代表：潘金土
联系人：潘金土　　联系电话：13705891242

东坪高山茶
Dong Ping Gao Shan Cha

企业简介： 浦江县大畈乡东坪茶叶专业合作社是浙江省农业科技企业、浙江省示范性农民专业合作社、金华市首届农民专业合作社名社强社，注册商标"东坪"，东坪高山茶自2007年起参加绿茶博览会，每年获得金奖；清溪基地自从2006年开设认证有机茶。

产品特性： 东坪高山茶外形卷曲成螺，色绿隐毫，紧结匀整，滋味鲜爽醇厚，生津回甘，细柔绵长，板栗香馥郁，伴有兰花香韵，黄绿明亮，有悬浮茸毛，汤感较厚，玻璃杯壁有挂壁。

生产单位：浦江县大畈乡东坪茶叶专业合作社

法人代表：石元峰

联 系 人：石元峰

联系电话：15167993111

方山绿茶
Fang Shan Lv Cha

企业简介： 浙江龙游溪口吴刚茶厂建于1996年，是浙西地区最大的集茶叶种植培育、生产加工、市场销售为一体的名茶生产企业。企业已通过ISO 22000体系认证。企业产品吴刚茶先后获得浙江省第十四届、第十五届名茶评比一类名茶，中国茶学会第四届、第五届名优茶评比"中茶杯"

一等奖；浙江绿茶博览会金奖；绿色食品A级产品；"浙江省名品正牌农产品"称号。

产品特性： 吴刚龙茶产于浙西大竹海域内，自然生态环境优越，茶叶常年生长在竹林云雾之中，以鲜嫩芽叶为原料，经独特工艺加工而成，品质独特。

生产单位：浙江龙游溪口吴刚茶厂　　法人代表：傅晓君

联 系 人：吴红刚　　联系电话：13706705332

九九玫瑰花茶
Jiu Jiu Mei Gui Hua Cha

企业简介：九九红玫瑰公司位于衢江区莲花镇月山村，现有1 508亩玫瑰种植示范基地，累计完成各项建设投资8 000多万元，主要有玫瑰类花茶、玫瑰精油、玫瑰化妆品以及玫瑰种苗、鲜切花等产品。公司先后评为衢州市十佳农业龙头企业、省级农业龙头企业、省级休闲观光农业示范园。

产品特性：玫瑰花茶，气味清香，味道甘甜，富含维生素C，有促进血液循环和新陈代谢、

利尿、收敛、调经止痛、软化心脑血管等功效，历来就有养颜美容之说，餐后睡前喝都很适合。

生产单位：浙江九九红玫瑰科技有限公司　　法人代表：傅小丰

联 系 人：傅小丰　联系电话：13957038200

莲瑶观音莲花茶
Lian Yao Guan Yin Lian Hua Cha

企业简介：舟山市慈沁食品有限公司是一家以旅游休闲食品开发及销售为主体业务的民营企业，拥有高素质的管理和专业团队，坚持发展生态品质，采用舟山天然海洋素菜为原料，结合先进科学的配方和加工工艺，生产具有丰富佛教文化内涵的普陀山特产。

产品特性："瑶莲"牌观音莲花茶是以纯生态之法栽培莲花，用传统手法结合现代工艺，潜心研制。经权威机构检测，"瑶莲"牌观音莲花茶富含人体不可缺少的十七种氨基酸、六种微量元素，

不含任何添加剂，具有平衡人体酸碱度、强化微血管、降低胆固醇、降低尿酸、防癌等功效，实为强身健体、延年益寿之佳品。

生产单位：舟山市慈沁食品有限公司

法人代表：谢先辉

联 系 人：缪燕红

联系电话：18205801515

羊岩勾青茶
Yang Yan Gou Qing Cha

企业简介： 临海市羊岩茶厂创建于1972年，有职工137人，总资产近亿元，有茶园12 000亩，年产茶叶450多吨，产值1.25亿元。茶厂先后被授予"全国绿色食品示范企业"，"浙江省模范集体"、"省骨干农业龙头企业"、"省首批现代农业茶叶示范园区"等称号。

"羊岩山"牌茶叶为中国绿色食品、浙江名牌农产品、浙江省著名商标、中国驰名商标，获得国际名茶评比、省农博会金奖等。

产品特性： 羊岩勾青茶叶外形勾曲，色泽绿润，汤色黄绿明亮，香高持久，滋味醇爽，汤色明亮，口感特佳，耐冲泡、耐贮藏。

生产单位： 临海市羊岩茶厂　　**法人代表：** 朱昌才
联 系 人： 朱昌才　　**联系电话：** 13586150369

龙额火山茶
Long E Huo Shan Cha

企业简介： 玉环县石峰山农业科技有限公司是浙江省农业科技企业和台州市农业龙头企业，"龙额牌"火山茶先后荣获浙江省农博会金奖、浙江省绿茶博览会金奖、上海国际茶文化节特优金奖和"中茶杯"全国名优茶评比特等奖。

产品特性： 龙额火山茶种植于100万年前石峰火山喷发形成的幼年火山土质，土壤含有丰富的硫、钾等有机微量元素，故火山茶硒、锌和氨基酸含量是一般绿茶的一倍以上，对防衰老、防癌、抗癌、杀菌、消炎等均有特殊效果。火山茶具有"形美、色绿、香郁、味醇"四绝，是茶中极品。

生产单位： 玉环县石峰山农业科技有限公司
法人代表： 林招水
联 系 人： 林招水
联系电话： 13736676696

仙青茶
Xian Qing Cha

企业简介：仙居县茶叶实业有限公司源于1952年成立的仙居县茶厂，经历了六十余年的发展历程，是一家集茶叶种植、加工、销售、科研、茶文化为一体的现代化茶企业。注册资金5 160万元，注册商标为"仙青"。

产品特性：本品产自高山无污染茶园，以采含苞未放的壮实净芽为原料，经多道工序精工细作而成。仙青茶外形勾曲，色泽绿润，汤色清澈明亮，香高持久，滋味醇爽，口感特佳，耐冲泡，耐贮藏，乃茶叶珍品。

生产单位：仙居县茶叶实业有限公司　**法人代表**：戴青鹏
联 系 人：徐　静　**联系电话**：0576-87779866

梅峰有机茶
Mei Feng You Ji Cha

企业简介：浙江梅峰茶业有限公司是集茶叶种植、加工、销售、科研推广于一体的浙江省省级骨干农业龙头企业、浙江省农业科技企业、丽水市生态精品现代农业示范企业。公司"梅中田"、"绿谷梅峰"商标为浙江省著名商标，"梅峰"商标为丽水市著名商标。"梅中田"牌茶叶为国家生态原产地保护产品、浙江名牌产品、浙江名牌农产品。

产品特性："梅峰"有机茶产品从产到销全程通过有机认证，外形扁平挺直嫩绿，汤色嫩绿明亮，香气清香，幽而不俗，沁人肺腑，隽味独特；滋味鲜醇甘爽，饮后有留韵，鲜新无粗青味，清淡无涩苦感，回味甘甜；叶底肥嫩多芽、绿明亮。

生产单位：浙江梅峰茶业有限公司　**法人代表**：林冬英
联 系 人：李继光　**联系电话**：13857089723

石练菊米

Shi Lian Ju Mi

企业简介：浙江石练菊米有限公司是由比利时华侨独资的外资企业。2007年被国家农业部授予全国创名牌重点企业，是浙江省骨干农业龙头企业。"石练菊米"先后被认定为浙江名牌产品、浙江省著名商标，并通过了国家绿色食品、国家有机食品认证。

产品特性：石练菊米富含蛋白质、氨基酸、黄酮等营养成分，能增强抗病、防病能力，具有清热解毒、平肝降压、降脂清暑、醒酒、消炎杀菌、凉血祛肿、预防感冒等功效。长期饮用既能养生保健，又能祛病延年，可抗衰老，无毒副作用，是理想的天然保健饮品，更是馈赠亲友，招待贵宾之佳品。

生产单位：浙江石练菊米有限公司　　**法人代表**：蓝章铭
联系人：巫秋炎　　**联系电话**：0578-8269892　　13884329668

根发西红花

Gen Fa Xi Hong Hua

企业简介：建德市三都西红花专业合作社是最早成立的西红花专业合作社，集西红花种植、加工、销售、技术咨询服务于一体，拥有全国最大的西红花种植基地和全国惟一一家西红花〔藏红花〕研究所。2003年至今，西红花基地通过了无公害中药基地与道地药材基地认证。"根发"商标被认定为中国驰名商标。

产品特性：产品外观颜色鲜红、花丝粗壮，泡水后颜色成金黄色，具有甘甜的气味。西红花具有活血、养血、行血、补血等功效，可预防心脑血管，脉管炎、心肌梗塞等疾病。

生产单位：建德市三都西红花专业合作社　　**法人代表**：王根法
联系人：王强　　**联系电话**：13868120675

林小香铁皮石斛

Lin Xiao Xiang Tie Pi Shi Hu

企业简介：杭州小香生态农业科技有限公司是一家专门从事珍铁皮石斛种苗组织培养、有机种植、技术培育、经营销售于一体的综合型高新生物技术企业。本公司现为浙江省中药材协会理事单位，建德市农业龙头企业，产品荣获"杭州市著名商标"等殊荣。

产品特性："林小香"牌铁皮石斛整个基地都采用仿野生化生产技术，按有机质量标准栽培与管理，不使用转基因技术、化学农药及化肥，绿色无污染。产品无论其外观、口感、口味及营养元素，堪称上乘。

生产单位：杭州小香生态农业科技有限公司　　**法人代表**：林小香

联系人：薛炜　　**联系电话**：13777573718

楠琪藏红花

Nan Qi Zang Hong Hua

企业简介：秀洲区天禾藏红花专业合作社主要从事藏红花引种、开发和推广，基地推行"水稻——藏红花"粮经轮作模式。产品曾获得嘉兴市农博会金奖、浙江省农博会新产品金奖和义乌国际森博会优质产品奖等荣誉。合作社先后获得秀洲区和嘉兴市示范性农民专业合作社等称号。

产品特性："楠琪"牌藏红花具有品质纯正，绿色无污染，无农药及重金属残留，是纯天然的农产品。据研究，藏红花具有活血化瘀、凉血解毒、解郁安神等功效，藏红花酸可抑制肿瘤细胞生长和增殖，对帕金森症有治疗和预防作用。

生产单位：嘉兴市秀洲区天禾藏红花专业合作社

法人代表：朱志明

联系人：朱志明

联系电话：13957389944

阿奴杜瓜子
A Nu Du Gua Zi

企业简介：平湖市绿岛食品限公司是集种植、生产、销售为一体的农业龙头型企业，公司先后被评为浙江省农业科技企业、浙江省科技型企业。2000年至今，阿奴杜瓜子多次在上海、省农博会上获得金奖，并美誉为"平湖三宝"和"嘉兴三宝"。公司自主研发的"野瓜蒌籽（杜瓜子）精深加工工艺研究与产业化"项目列入2014年度国家星火计划（计划编号2014GA700082）。

产品特性："阿奴"牌杜瓜子原料选自平湖市阿奴杜瓜子专业合作社生产基地，口感清爽、脆、香，回味自然。据《本草纲目》中记载，杜瓜子具有清肺、化痰、止咳、润肠等功效。

生产单位：平湖市绿岛食品有限公司　　**法人代表：**林玲平
联 系 人：符冬杰　　**联系电话：**15967399898

寿仙谷铁皮石斛
Shou Xian Gu Tie Pi Shi Hu

企业简介：浙江寿仙谷医药股份有限公司是一家集名贵中药材和珍稀食药用菌品种选育、研究、栽培、生产、营销等为一体的国家高新技术企业、中华老字号企业。"寿仙谷"商标被认定为中国驰名商标，企业连续多年被武义县人民政府授予纳税百强企业。产品连续多年被评为浙江省名牌产品、浙江省名牌农产品、浙江农业博览会金奖等称号。

产品特性：寿仙谷铁皮石斛茎黄绿色，纵纹色浅。花黄绿色。略具青草香气，味淡或微甜，嚼之初有黏滑感，继有浓厚黏滞感。有生津养胃；滋阴清热；润肺益肾；明目强腰等作用。

生产单位：浙江寿仙谷医药股份有限公司　　**法人代表：**李明焱
联 系 人：邹方根　　**联系电话：**13735741113

磐五味白术
Pan Wu Wei Bai Shu

企业简介：浙江磐五味药业有限公司以"公司＋合作社＋农户"的模式建立浙贝母、白术、延胡索、杭白芍、铁皮石斛等中药材的种植基地500多亩。2012—2014年承担了"工信部中药材生产扶持项目""1.4万亩白术规范化种植基地建设"的"磐安白术规范化种植基地建设"子项目。"磐五味"商标被评为金华市著名商标。

产品特性："磐五味"白术形似青蛙（俗称"蛙术"），断面菊花纹，清香诱人，被列为珍品，药用成分含量比其他白术产地高出一倍，为白术中的精品。

生产单位：浙江磐五味药业有限公司　　**法人代表**：杨定升
联系人：杨定升　　**联系电话**：13706790167

森力灵芝
Sen Li Ling Zhi

企业简介：常山县豪锋农业发展有限公司是一家从事灵芝种植的市级农业龙头企业，拥有基地300亩，已通过绿色食品认证。企业先后被授于2012年十强农业龙头企业、浙江省示范性专业合作社、浙江省示范性家庭农场。森力牌灵芝荣获2013年中国国际农产品交易会金奖、2013年浙江农业博览会金奖。

产品特性：灵芝，可以药食两用，无毒副作用，药理成分非常丰富，包括灵芝多糖、灵芝多肽、三萜类、16种氨基酸（其中含有7种人体必需氨基酸）、蛋白质、甾类、甘露醇、香豆精苷、生物碱、有机酸（主含延胡索酸）、微量元素等。

生产单位：常山县豪锋农业发展有限公司　　**法人代表**：毛荣良
联系人：毛荣良　　**联系电话**：13867012399

金塘浙贝母
Jin Tang Zhe Bei Mu

企业简介：舟山市定海惠农李子贝母专业合作社成立于2006年，运用"合作社＋基地＋社员"的发展模式，为广大社员提供统一的产前、产中、产后服务，带动李子、贝母种植面积1 000余亩，辐射农户1 000多户，2012年实现销售2 350万元，利润32万元。2011年被评为市级规范化农民专业合作社。

产品特性：浙贝母是浙江省常用的名贵中药材品种，主要以地下鳞茎及花朵用药。其味苦、性寒、归肺、心经，具有清热化痰，开郁散结的功效，常用于风热、燥热、痰火咳嗽，肺痈、乳痈、瘰疬、疮毒、心胸郁闷等症，还有多种生物碱，具有镇咳作用，对循环系统、呼吸系统和中枢神经系统有疗效。

生产单位：舟山市定海金塘惠农李子贝母专业合作社　　**法人代表：**傅海刚

联 系 人：傅海刚　　**联系电话：**13758009233

台乌乌药黄精
Tai Wu Wu Yao Huang Jing

企业简介：浙江红石梁集团天台山乌药有限公司创立于2004年，现有天台乌药种源基地和种植基地3 000多亩。"台乌"商标先后被认定为台州市著名商标、浙江省著名商标、浙江老字号和中华老字号品牌。乌药精系列产品获评"浙江省名牌林产品""浙江省农产品博览会金奖"等荣誉称号。

产品特性：本产品以天台乌药为主要原料，配以黄精、西洋参等中药材，采用现代生物技术精制而成，具有显著的缓解体力疲劳功能（产品及其工艺已取得国家发明专利）。该产品为棕色颗粒状固体，具有特有的滋气味，无异味。

生产单位：浙江红石梁集团天台山乌药有限公司　　**法人代表：**郑联平

联 系 人：王太庆　　**联系电话：**13968572118

绿仁薏米仁
Lv Ren Yi Mi Ren

企业简介： 缙云县康莱特米仁发展有限公司是一家集中药材薏苡仁生产、种植、仓储、加工、销售为一体的综合性私营企业。现有已通过国家GAP认证的薏苡仁生产基地3 000多亩和100多亩的米仁种质资源繁育基地。是浙江省中药材产业协会会员单位，市级重点农业龙头企业。

产品特性： 薏苡仁（米仁）含蛋白质、脂肪、维生素、人体必需的氨基酸及微量元素，还含有固醇、多种氨基酸、薏苡仁油、薏苡仁脂、碳水化合物、B族维生素等。其味甘、淡，性微寒。有

健脾利湿，清热排脓的功能。温中散寒、补益气血。广泛应用于保健食品、中药配伍和中成药原材料。

生产单位： 浙江缙云县康莱特米仁发展有限公司　　**法人代表：** 徐余兔
联系人： 徐余兔　　**联系电话：** 13905781615

家必禾杏鲍菇
Jia Bi He Xing Bao Gu

企业简介： 苍南县家必禾食用菌专业合作主要从事杏鲍菇工厂化周年生产，日产10 000包、日产鲜菇3吨，2014年鲜菇产品销售额608.6万元，利润52.5万元，被评为温州市农业龙头企业、浙江省农业科技型企业。

产品特性： 采用本厂自选杏鲍菇品种，具有周期短、产量高、抗杂能力强等特点。菌肉肥厚，质地脆嫩，特别是菌柄组织致密、结实、乳白，可全部食用，且菌柄比菌盖更脆滑、爽口，具有愉悦的杏仁香味。它具有降血脂、降胆固醇、促进胃肠消化、防止心血管病、增强机体免疫力等功效。

生产单位： 苍南县家必禾食用菌专业合作社　　**法人代表：** 包中双
联系人： 包中双　　**联系电话：** 13958797827

新当湖蘑菇
Xin Dang Hu Mo Gu

企业简介：平湖市新当湖食用菌专业合作社集生产、技术研发、经营、信息服务为一体，"新当湖"牌鲜蘑菇先后被认定为浙江省著名商标、浙江省名牌农产品、浙江省农博会优质产品、浙江省无公害农产品、嘉兴市著名商标、嘉兴名牌产品、平湖市十大特色农产品商标品牌等荣誉称号。

产品特性："新当湖"鲜蘑菇产品选用本地优质晚稻草、菜饼等有机资源为生产培养料，产品色泽洁白，菇质结实、菇型完整、口味鲜嫩，含有人体必需的多种氨基酸、蛋白质并富含多种矿物质、维生素、不饱和脂肪酸及多糖类物质等，具有很高的营养价值，是理想的保健食品和美味佳肴。

生产单位：平湖市新当湖食用菌专业合作社　　**法人代表：**林华荣
联 系 人：刘明健　　**联系电话：**0573-85260509

浙丰杏鲍菇
Zhe Feng Xing Bao Gu

企业简介：浙江瑞丰农业发展有限公司，创办于2007年，是一家快速成长型农业企业，已形成产、供、销一体化生产体系。"浙丰杏鲍菇"先后被认定为浙江省无公害农产品、绿色食品，并多次获浙江农博会金奖。

产品特性："浙丰杏鲍菇"采取智能化工厂栽培，生长过程不使用化学合成农药、肥料及添加剂。杏鲍菇肉质肥厚，味道鲜美，耐贮运，含蛋白质、18种氨基酸、矿物质和维生素等多种营养成分，有益气和美容作用，可促进人体对脂类物质的消化吸收和胆固醇的溶解，是一种理想的保健食品。

生产单位：浙江瑞丰农业发展有限公司　　**法人代表：**楼红文
联 系 人：蔡荣莉　　**联系电话：**13858579036

菇尔康竹荪
Gu Er Kang Zhu Sun

企业简介： 浙江菇尔康生物科技有限公司是金华市农业龙头企业，浙江省科技教育中心食用菌培训基地，公司生产的菇尔康牌食用菌已通过无公害食用菌产地认证和食品安全 QS 认证，菇尔康商标2009年被认定为浙江省著名商标，菇尔康牌系列食用菌2010年被评为浙江名牌产品。菇尔康牌食用菌在国家、省、市博览会上多次获优质农产品金奖等荣誉称号。

产品特性： 菇尔康牌竹荪仿野生栽培，全过程无污染，品质脆嫩蔬松，食味鲜美爽口，香气浓郁，风味独特，竹荪含有近10种氨基酸和多种微量元素，对增强机体免疫力有一定作用，是现代人餐桌上的天然养生食品。

生产单位：浙江菇尔康生物科技有限公司
法人代表：陈志群
联系人：李汝芳
联系电话：0579-87035316

姑姥爷黑木耳
Gu Lao Ye Hei Mu Er

企业简介： 公司是一家集食用菌产业链规划、生产、加工、销售、品牌建设为一体的企业，主导产品先后通过"QS""国家原产地地理标志保护产品""绿色食品""浙江名牌产品"等认证，2014年"菇老爷"商标被认定为"浙江省著名商标"。

产品特性： 开化黑木耳为单生型高山段木黑木耳，采用钱江源头的特定树种，在特定环境中精心培育而成。产品发泡率高，耳片均匀完整，肉质细嫩，纯正可口，富含丰富的营养胶质、酸性多糖、蛋白质、氨基酸、矿物质、微量元素等，对人体肠胃和血管有清道作用，是食药兼备的理想食品。

生产单位：浙江菇老爷食品有限公司　　法人代表：余维良
联系人：余维良　　联系电话：13857033037

宝新猴头菇
Bao Xin Hou Tou Gu

企业简介：浙江省常山宝新果蔬菌有限公司创建于1999年，是集食用菌科研开发、生产加工、出口贸易为一体的市级农业龙头企业。"宝新"牌商标连续被认定为浙江省著名商标，"宝新"牌猴头菇被评为浙江省名牌农产品，猴头菇茶及其制备方法和胡柚脆片都获得国家发明专利。

产品特性：猴头菇是一种药食两用的真菌，性平，味甘，利五脏，助消化。猴头菇含不饱和脂肪酸，利于血液循环，能降低血胆固醇含量，抑制癌细胞中遗传物质的合成，从而预防和治疗消

化道癌症和其他恶性肿瘤，对胃溃疡、十二指肠溃疡、胃炎等消化道疾病的疗效令人瞩目。

生产单位：浙江省常山宝新果蔬菌有限公司　　**法人代表：**季宝新

联 系 人：季宝新　　**联系电话：**13357006366

百山祖雪茸
Bai Shan Zu Xue Rong

企业简介：丽水百兴菇业是一家利用生物科技进行工厂化生产杏鲍菇的企业，菌种、技术和设备的先进性已达到"国际领先、国内一流"的生产水准，是浙江省最大的食用菌工厂化栽培企业，为国内最先进的工厂化栽培企业之一，年产杏鲍菇2 000多吨。

产品特性："百山祖"小雪茸（杏鲍菇）小菇形，甜甜脆脆，口感好，深受消费者喜欢，生产基地为恒温管理，环境干净整洁。自建安全原料基地，始终把"安心吃"作为我们核心的价值标准，为客户提供最优质的食用菌。

生产单位：丽水市百兴菇业有限公司　　**法人代表：**吴其进

联 系 人：陈思　　**联系电话：**18906780501

天和泉香菇
Tian He Quan Xiang Gu

企业简介：浙江天和食品有限公司为国家级农业农头企业，专业加工干香菇、黑木耳、茶树菇、银耳、牛肝菌、灵芝等食用菌，目前拥有"天和泉"和"斋仙圆"多个品牌，公司"天和泉"香菇通过绿色产品有机认证，并成为首家在香菇产品中可以使用原产地域产品专用标志公司，并获得浙江省农博会金奖，通过 ISO 9001：2000 质量管理体系认证和 HACCP 食品安全管理体系认证。

产品特性：天和泉香菇质地优厚，菇形园整、色泽纯正、香气浓郁，味道鲜美。富含蛋白质、氨基酸、脂肪、粗纤维和维生素 B_1、维生素 B_2、维生素 C、烟酸、钙、磷、铁等成分，是烹调的好材料。

生产单位：浙江天和食品有限公司　　法人代表：吴子敬

联 系 人：吴子敬　联系电话：0578-7226908